# 农业
# 百变新业态

四川省高素质农民培训教材编委会 组编

中国农业出版社
北 京

**图书在版编目（CIP）数据**

农业百变新业态 / 四川省高素质农民培训教材编委会组编．—北京：中国农业出版社，2021.12（2025.3 重印）
四川省高素质农民培训教材
ISBN 978-7-109-28981-9

Ⅰ.①农… Ⅱ.①四… Ⅲ.①农业技术—职业培训—教材 Ⅳ.①S

中国版本图书馆 CIP 数据核字（2021）第 251949 号

中国农业出版社出版
地址：北京市朝阳区麦子店街 18 号楼
邮编：100125
责任编辑：郭元建　赵　娴
版式设计：杜　然　　责任校对：吴丽婷
印刷：北京印刷集团有限责任公司
版次：2021 年 12 月第 1 版
印次：2025 年 3 月北京第 9 次印刷
发行：新华书店北京发行所
开本：720mm×960mm　1/16
印张：11.75
字数：220 千字
定价：32.00 元

# 四川省高素质农民培训教材编委会

## 《农业百变新业态》编写人员


**主　编**　朱永清

**副主编**　曾晓丹　丁　燕　杨胜廷　罗　英

**参　编**　李洪春　王　军　贺红宇　徐秋鹏　王远杰
　　　　　陈俊卓　龚　全　李　娟　吴　涛

为全面贯彻落实党中央关于乡村人才振兴的部署要求和习近平总书记有关“三农”工作系列重要讲话精神，加快推进乡村振兴战略实施，擦亮我省农业大省金字招牌，不断提升我省高素质农民培训质量和效果，构建一支有文化、懂技术、善经营、会管理的高素质农民队伍迫在眉睫。遵循“政府主导、多元参与，问题导向、满足需求，共建共享、引领示范”的原则，我们组织行业内专业知识扎实、实践经验丰富的资深专家，编写了本套具有较强针对性和实用性，便于农民朋友学习、使用的培训教材。

本套教材从提升高素质农民的“信心、理念、规则、技能”多维度入手，既增强信心，又强调规则；既有政策解读，又有案例分析；既有理念传播，又有技术推广。同时为了更好地发挥教材功用，扩充知识量，直观展示教材关键知识点和技能点，本套教材除了力求内容浅显易懂、图文并茂外，还建设了数字资源，读者可扫描书中二维码自行学习。本套教材目前编撰出版了五本，即《品牌农业新招数》《农业百变新业态》《种养循环实用技术》《稻田里的金山》《农机使用一本通》，可供各地开展高素质农民培训时选用。

由于编写时间有限，教材中难免存在不足和疏漏之处，诚望各位专家和广大读者批评指正。

四川省高素质农民培训教材编委会

2021年11月

党的十八届五中全会明确提出了创新、协调、绿色、开放、共享五大发展理念；党的十九届五中全会指出，加快农业农村现代化。要保障国家粮食安全，提高农业质量效益和竞争力，实施乡村建设行动，深化农村改革，实现巩固拓展脱贫攻坚成果同乡村振兴有效衔接。

进入新时代，在五大发展理念引领下，我国农业发生了翻天覆地的变化，出现了多元素的融合创新，形成了百花齐放、各美其美、美美与共的农业新业态。农业新业态，指的是相对于现阶段农业主体产业有新突破、新发展，或者超越传统农业发展模式、具有可持续成长性，并形成一定规模的较为稳定的农业生产、销售、服务组织形态。农业新业态有三个特点：打破传统，不同以往，即“新”；具备相应的经济规模，即“业”；处于比较稳定的形态，即“态”。

为帮助农业从业人员进一步创新发展理念、拓展发展思路，立足自身产业条件，思考新的适合自身发展的农业产业化道路，本教材立足四川省内外存在的农业新业态，以鲜活的生产实践为案例，分新时代新理念、服务型农业新业态、现代设施设备（装备）农业新业态、高新技术型农业新业态、机制模式创新型农业新业态五个模块，介绍了农业新业态发展的好经验、好做法。

本教材编写分工如下：模块一由朱永清、丁燕、罗英、李洪春和徐秋鹏编写；模块二由朱永清、曾晓丹、杨胜廷、贺红宇、李娟和吴涛编写；模块三由朱永清、曾晓丹、杨胜廷、贺红宇和王军编写；模块四由朱永清、曾晓丹、杨胜廷、贺红宇和龚全编写；模块五由丁燕、李洪春、罗英、王远杰和陈俊卓编写。全书由曾晓丹、丁燕统稿。

由于编写水平有限，书中难免有疏漏或不足之处，敬请各位同行及广大读者批评指正，以便再版时修订完善。

编　者

2021年11月

# 目录

# 模块一

# 新时代新理念

- 了解农业的发展演变过程；
- 掌握新发展理念的主要内容、重要作用及对现代农业发展、乡村振兴战略实施的指导意义；
- 了解农业新业态的产生背景，掌握新业态的定义及类型。

# 单元一　理念领航发展

俗话说，方向比努力重要，能力比知识重要。理念是行动的先导，是发展思路、发展方向、发展着力点的集中体现。理念对了，目标任务就好定了，政策举措也就跟着好定了（图 1-1）。

图 1-1　理念领航发展

党的十八届五中全会提出了创新、协调、绿色、开放、共享五大发展理念（图 1-2）。这五大发展理念是在深刻总结国内外发展经验教训的基础上形成的，也是针对我国发展中面临的突出矛盾和问题提出来的，集中反映了我们党对经济社会发展规律认识的深化。

图 1-2　五大发展理念

## 一、新发展理念

新发展理念就是指挥棒、红绿灯。五大发展理念中，创新是引领发展的第一动力，协调是持续健康发展的内在要求，绿色是永续发展的必要条件和人民对美好生活追求的重要体现，开放是国家繁荣发展的必由之路，共享是中国特色社会主义的本质要求。

## （一）着力创新发展，增强驱动力

创新有三层含义：第一，创造新的东西；第二，对旧事物更新；第三，改变。创新不一定是创造出一个全新的东西，一些旧事物融合新的元素、配以新的形式，也可以叫作创新。创新可以是无中生有，也可以是有中生变。实现创新的路径包括另辟蹊径、出其不意、与众不同、标新立异等。

- 创新是一个民族进步的灵魂，是一个国家兴旺发达的不竭动力。
- 抓住了创新，就抓住了牵动经济社会发展全局的“牛鼻子”。
- 谁在创新上先行一步，谁就能拥有引领发展的主动权。
- 抓创新就是抓发展，谋创新就是谋未来。

## （二）着力协调发展，增强整体性

事物是普遍联系的，事物及事物间各要素相互影响、相互制约，整个世界是相互联系的整体，也是相互作用的系统。协调，就是正确处理组织内外各种关系，为组织正常运转创造良好的条件和环境，促进组织目标的实现。协调＝帮助＋调解，一般来说，协调都是用于两者（双方或多方）之间存在的差别或者矛盾问题的解决。协调就是要处理好局部和全局、当前和长远、重点和非重点的关系，在权衡利弊中趋利避害、作出最有利的抉择。

- 协调既是发展手段又是发展目标，同时还是评价发展的标准和尺度。
- 协调发展不是搞平均主义，而是更注重发展机会公平、更注重资源均衡配置。
- 协调发展是制胜要诀。
- 善于“弹钢琴”，处理好局部和全局、当前和长远、重点和非重点的关系，在权衡利弊中趋利避害、作出最为有利的战略抉择。

## （三）着力绿色发展，增强持续性

绿色发展，是在传统发展基础上的一种模式创新，是建立在生态环境容量和资源承载力的约束条件下，将环境保护作为实现可持续发展重要支柱的一种新型发展模式。绿色发展意义重大。改革开放以来，我国经济发展取得历史性成就，但生态环境形势也很严峻。比如，各类环境污染频发，成为民生之患、民心之痛。

生态环境没有替代品，用之不觉，失之难存。习近平总书记说，环境就是民生，青山就是美丽，蓝天也是幸福，绿水青山就是金山银山。生态是资源和财富，是我们的宝藏。保护环境就是保护生产力，改善环境就是发展生产力。

着眼未来，我国经济社会发展要锚定高质量发展这个主题，而坚持生态优先、坚持绿色发展是其中应有之义。

• 人类发展活动必须尊重自然、顺应自然、保护自然，否则就会遭到大自然的报复，这个规律谁也无法抗拒。

• 人因自然而生，人与自然是一种共生关系，对自然的伤害最终会伤及人类自身。

• 生态环境没有替代品，用之不觉，失之难存。

• 环境就是民生，青山就是美丽，蓝天也是幸福，绿水青山就是金山银山。

### （四）着力对外开放，顺应时代潮流

当今中国，最鲜明的特色是改革开放，中华民族实现从站起来、富起来到强起来的飞跃得益于对外开放。中国特色社会主义进入新时代，是新中国成立以来特别是改革开放以来党和国家各项事业发展进步的必然结果。

实践证明，要发展壮大，必须主动顺应经济全球化潮流，坚持对外开放，充分运用人类社会创造的先进科学技术成果和有益管理经验。

• 一个国家能不能富强，一个民族能不能振兴，最重要的就是看这个国家、这个民族能不能顺应时代潮流，掌握历史前进的主动权。

• 只要主动顺应世界发展潮流，不但能发展壮大自己，而且可以引领世界发展潮流。

### （五）着力共享发展，践行共建共享新理念

共享理念实质上就是坚持以人民为中心的发展思想，体现的是逐步实现共同富裕的要求。共享发展必须坚持全民共享、全面共享、共建共享、渐进共享。

就共享的覆盖面而言，是人人享有、各得其所，不是少数人共享、一部分人共享。就共享的内容而言，是全面保障人民在各方面的合法权益，共享国家经济、政治、文化、社会、生态各方面建设成果。就共享的实现途径而言，是共建共享，要充分发扬民主，广泛汇聚民智，最大激发民力，形成人人参与、人人尽力、人人都有成就感的生动局面。就共享发展的推进进程而言，是渐进共享，共享的内容是随着生产力不断发展和财富不断增加而不断丰富的。

落实共享发展理念，既可以充分调动人民群众的积极性、主动性、创造性，不断把“蛋糕”做大；又能把不断做大的“蛋糕”分好，让社会主义制度的优越性得到更充分体现，让人民群众有更多成就感和获得感。

· 共享发展是人人享有、各得其所。

· 共建才能共享，共建的过程也是共享的过程。

· 一口吃不成胖子，共享发展必将有一个从低级到高级、从不均衡到均衡的过程，即使达到很高的水平也会有差别。

· 既不裹足不前、铢施两较、该花的钱也不花，也不好高骛远、寅吃卯粮、口惠而实不至。

· 落实共享发展是一门大学问，要做好从顶层设计到“最后一公里”落地的工作，在实践中不断取得新成效。

## 二、农业与五大发展理念

自党的十九大提出实施乡村振兴战略以来，农业发展方式得到加快转变，现代信息技术广泛应用于农业生产、经营、管理及服务等各个环节，形成高度融合、产业化和低成本化的新的农业形态，实现现代农业的转型升级。从农业功能来看，已明显由单一的物质供给功能，转向在提供物质供给的同时向非物质供给功能延伸，农业新功能不断释放，休闲观光旅游、生态环境保护、文化传承的功能不断凸显。从农业业态来看，农业由单一的物质产出向非物质产出转换，农业与工业、农业与文化、农业与旅游、农业与商业、农业与生态等各种融合不断呈现，农业的内涵与外延不断丰富。

农业发展变化离不开新理念的引领，具体体现在以下几方面：

## （一）创新是农业兴旺发展的不竭动力

创新依托现实、推动变革，是引领农业发展的第一动力，也是应对问题挑战的必然选择。当前农业发展面临新旧动力转换问题，转变农业发展方式，培育更持续健康的增长动力，出路在于创新；解决好谁来种地、怎么种地、谁来建设美丽乡村的问题，迫切需要创新；促进城乡融合发展、完善农村产权制度改革等，都离不开创新。

创新出效益，创新出活力。农业上的创新点有很多，可以是技术创新、种养方式创新、经营组织方式创新、营销创新、项目创新等，实践中已有很多案例。

比如，四川省成都市龙泉驿区的朱福顺，被人们称为“遛鸡哥”。在大家都遛狗、遛猫时，他却别出心裁地遛鸡，着实为自己和自己的养鸡场打了一番广告。又如，崇州市天鹰种植专业合作社在成都市崇州市百头镇打造油菜花地“爱情迷宫”，给欣赏油菜花的游客带来了新鲜感。再如，平顶山市丰裕农业种植有限公司在稻田和莲池旁播放音乐，让水稻、莲藕在优美舒缓的音乐熏陶下生长。其实，只要肯花心思、下功夫，总能找到创新的点。

## （二）协调是城乡融合发展的制胜要诀

坚持协调发展是全面建成小康社会的必由之路。目前，城乡发展不平衡问题依然比较突出，补齐农业农村发展短板、缩小城乡发展差距的意义更加凸显，必须注重以协调均衡理念为引领，坚持政府和市场“两手”发力，推动城镇基础设施和公共服务向农村延伸，引导城市资金、技术、人才、管理等现代要素向农业农村流动，逐步实现城乡要素平等交换、合理配置和基本公共服务均等化。

## （三）绿色发展是现代农业发展的内在要求

农业作为我国的基础产业，是 14 亿国人健康生活的保障。绿色农业也是我国现代化农业发展的必经之路，对于促进我国农业的可持续健康发展具有重要的意义。近年来，我国粮食连年丰收、农产品供给充裕，农业发展不断迈上新台阶，但由于化肥、农药大量使用，加之畜禽粪便、农作物秸秆、农膜资源化利用率不高，渔业捕捞强度过大，农业发展面临的资源约束日益加大，生态环境也常亮起“红灯”，农业发展到了必须加快转型升级、实现绿色发展的新阶段。

2017 年，农业部（现农业农村部）启动实施畜禽粪污资源化利用行动、果菜茶有机肥替代化肥行动、东北地区秸秆处理行动、农膜回收行动和以长江为重点的水生生物保护行动等农业绿色发展五大行动。2021 年，农业农村部会同有关部门印发《“十四五”全国农业绿色发展规划》，这是我国首部农业绿色发展专项规划，其中提出到 2025 年全国耕地质量等级达到 4.58，农田灌溉水有效利用系数达到 0.57，主要农作物化肥、农药利用率均达到 43%，绿色、有机、地理标志农产品认证数量达到 6 万个，农产品质量安全例行监测总体合格率达到 98%。这些定量指标，为推进农业农村领域减排固碳、推动农业向绿而行划定了“硬杠杠”，绘就了“十四五”时期农业绿色发展蓝图。

同时《“十四五”全国农业绿色发展规划》明确提出，要不断完善扶持政策，健全政府投入激励机制，加大生态保护补偿力度，多渠道增加农业绿色发展投入，推动形成绿色生产方式和生活方式，构建人与自然和谐共生的农业发展新格局，确保农产品质量安全水平稳中向好，保障人民群众“舌尖上的安全”（图 1-3）。

图 1-3　农业绿色发展

绿色是生态，绿色也是安全，绿色更是财富。绿色发展是现代农业发展的本质要求，也是广大农业从业者的职业操守。

**能量加油站**

### 农业绿色发展的深刻内涵

更加注重资源节约。这是农业绿色发展的基本特征。长期以来，我国农业高投入、高消耗，资源透支、过度开发。推进农业绿色发展，就是要依靠科技创新和劳动者素质提升，提高土地产出率、资源利用率、劳动生产率，实现农业节本增效、节约增收。

更加注重环境友好。这是农业绿色发展的内在属性。农业和环境最相融，稻田是人工湿地，菜园是人工绿地，果园是人工园地，都是“生态之肺”。近年来，农业快速发展的同时，生态环境也亮起了“红灯”。推进农业绿色发展，就是要大力推广绿色生产技术，加快农业环境突出问题治理，重显农业绿色本色。

更加注重生态保育。这是农业绿色发展的根本要求。山水林田湖草是生命共同体。长期以来，我国农业生产方式相对较粗放，农业生态系统功能退化。推进农业绿色发展，就是要加快推进生态农业建设，培育可持续、可循环的发展模式，将农业建设成美丽中国的生态支撑。

更加注重产品质量。这是农业绿色发展的重要目标。习近平总书记强调，推进农业供给侧结构性改革，要把增加绿色优质农产品供给放在突出位置。当前，农产品供给中品种、质量类似的普通货多，优质的、品牌的农产品还不多，与城乡居民消费结构快速升级的要求不相适应。推进农业绿色发展，就是要增加优质、安全、特色农产品供给，促进农产品供给由主要满足“量”的需求向更加注重“质”的需求转变。

### （四）开放是农村繁荣发展的必由之路

在全球经济一体化背景下，我国农业已经处于全面开放的国际大环境、大市场中，我国已成为全球第一大农产品进口国、第二大农产品贸易国。树立开放发展理念，加大开放力度、挖掘开放深度、拓宽开放广度，统筹利用好国际国内两种资源、两个市场，才能拓展农业农村发展战略空间，加快形成进出有序、优势互补、互利共赢的农业对外开放格局。

开放带来新机遇，开放促进品质提升。2013 年，首趟中欧班列蓉欧快铁从成都国际铁路港出发，彻底改变了内陆城市发展外向型经济必须依赖沿海港口的历史（图 1-4）。攀枝花市的早春蔬菜搭乘蓉欧快铁，出口到俄罗斯，让正处于冰天雪地中的莫斯科市民品尝到“阳光味道”，填补了攀枝花早春蔬菜出口空白。2019 年，成都市青白江区清泉镇的 3 万多斤①优质猕猴桃搭乘蓉欧快铁抵达卢森堡，刚抵达目的地就销售一空，价格比国内贵一倍。蓉欧快铁的

---

① 斤为非法定计量单位，1 斤＝0.5 千克。

图 1-4　蓉欧快铁

发展，为农产品出口带来了新机遇。

## （五）共享是农村经济发展的根本目的

共享发展理念的基本内涵包括全民共享、全面共享、共建共享和渐进共享四个方面，在顶层设计上要求做出更加合理的制度安排以引导农民积极参与现代化建设、分享现代化建设成果，提供更公平的社会保障制度，提升全体人民对共同发展的幸福感。党的十八大以来，以习近平同志为核心的党中央把脱贫攻坚摆在治国理政的突出位置，把脱贫攻坚作为全面建成小康社会的底线任务，组织开展了声势浩大的脱贫攻坚人民战争。经过八年的持续奋斗，贫攻坚战取得了全面胜利，兑现了“决不落下一个贫困地区、一个贫困群众”的承诺，现行标准下 9 899 万农村贫困人口全部脱贫，832 个贫困县全部摘帽，12.8 万个贫困村全部出列，区域性整体贫困得到解决，完成了消除绝对贫困的艰巨任务。这一伟大成就，正是共享理念的最生动印证和实践。

共享理念还可体现在整合资源、实现经济发展的各个方面，比如当下如火如荼的共享经济。以共享单车、共享汽车、共享充电宝、拼车、团购、共享住房等为代表的共享经济新模式，使资源得到更高效的利用。共享经济受到越来越多的关注和热捧，市场规模逐渐攀升。

共享经济理念和农业融合，催生了共享农场。例如，美国的艾米农场就是共享农场的典型代表。艾米农场面积不大，仅 50 余亩[①]，在以大规模工业化农业为主的欧美国家，可以算得上是迷你农场。农场有 3 头牛、4 匹马、20 多只羊、100 多只鸡和鹅等家禽，另外还种了十几亩果蔬。农场的主要员工只有两名：30 多岁的艾米和她的父亲兰迪。但是他们说：我们的农场不缺人。为减轻劳动量，他们把农场弄成开放式的，随性经营。他们定了四个“随便”的规矩——门随便进、活随便干、菜随便摘、钱随便给。农场有一块小黑板，上面会列出每天农场有哪些事需要做，比如给白菜浇浇水、给马铃薯松松土……来到农场的游客们就根据小黑板上的内容做自己喜欢做的事，忙碌一天后，给点钱就带走农场的蔬菜水果。通过劳动共享、成果共享，艾米农场不仅轻松解决了劳动力问题，还成为旅游景点，同时农场收获的各种农产品还能在市场上销售。通过共享经济模式，游客参与到农场的运营中，享受到农耕的乐趣。农场主和游客各得其所、各取所需，实现双赢。

在我国，共享农场有着更丰富的内涵。共享农场可以是农场与游客的共享，还可以是农场与农民的共享，包括产品共享、农庄共享、土地共享、项目共享等。从受众群体来看，共享农场可以实现多方共赢。对于政府来说，通过使用权的交易，将农场闲置资源与城市需求之间进行最大化、最优化的重新匹配，将不确定的流动性转化为稳定的连接，间接地缩短城乡之间的距离。对于城市消费者来说，有一块田地、一处宅院，约三五个好朋友，体验农耕乐趣、欣赏四季风景，非常惬意。对于农场主和农民来说，通过产品认养、托管代种、自行耕种、房屋租赁等多种私人定制的形式，不仅可以降低经营风险，而且能提升产品附加值。随着共享农场模式逐渐被人们所熟知，很多人积极创新，创造了一些新形式，如共享农机、共享仓储等，通过共享模式，提高农机、仓储利用率，降低成本。

## 三、贯彻五大发展理念，全面推进乡村振兴

党的十九大作出了实施乡村振兴战略这一重大决策部署，要求坚持农业农村优先发展，按照产业兴旺、生态宜居、乡风文明、治理有效、生活富裕的总要求，建立健全城乡融合发展体制机制和政策体系，加快推进农业农村现代化（图 1-5）。

乡村振兴战略是关系全面建设社会主义现代化国家的全局性、历史性任

① 亩为非法定计量单位，1 亩≈667 米$^2$。

图 1-5　乡村振兴

务，是新时代“三农”工作的总抓手。实施好乡村振兴战略，必须坚持把新发展理念贯穿于乡村振兴各项工作中，通过创新发展激发农业农村发展活力，通过协调发展补齐农业农村发展短板，通过绿色发展增强农业农村可持续发展动力，通过开放发展拓展农业农村发展新空间，通过共享发展推进农村同步全面小康，实现农业强、农民富、农村美，从而实现乡村全面振兴。

**案例分享**

## 战旗飘飘
## ——四川省战旗村的实践

**缘起：**

战旗村位于四川省成都市郫都区唐昌镇，地处横山脚下、柏条河畔。战旗村原名集凤大队，1966 年更名为战旗大队，后为战旗村（图 1-6）。如今这里是一个享誉成都、闻名天府的生态田园村庄，拥有“上风上水、生态宝地”之美誉。2018 年 2 月 12 日，习近平总书记视察战旗村时称赞“战旗飘飘，名副其实”，要求战旗村在实施乡村振兴战略中继续“走在前列，起好示范”。2020 年 4 月，战旗村被命名为 2019 年度四川省实施乡村振兴战略工作示范村。战旗村作为川西平原的一个小村庄，如何成为乡村振兴的样本？

**做法与成效：**

战旗村充分发挥村党总支核心引领作用，抓住农村经济体制改革的机遇，立足本村资源优势，在土地资源整合、土地集中经营创新上做文章，通过土地确权入市、发展乡村旅游、统一经营管理、优化人居环境四部曲，

图 1-6 战旗村

盘活了土地资源和集体经济。

**1. 土地确权入市** 2011 年，战旗村率先推行农村集体产权制度改革，将全村的农用地、宅基地全部平均确权。确权的同时，将村、社的资产资源以及村民个人的资产等全部确权到村委会，由村委会出资购买，成立战旗资产管理有限公司。战旗资产管理有限公司提取 80%的资产用于扩大再生产和再发展，20%以现金的形式分发给老百姓作为红利。通过股东代表大会提出收益分配草案，再经 2/3 以上的村民代表和户代表表决通过，形成了净收益提取 50%作为公积金、30%作为公益金、20%分配给股东（集体经济组织成员）的分配方案，实现了资源变资本、资金变股金、农民变股民的转变。同时，村集体统一为村民购买农村医疗保险，年满 60 岁、80 岁、100 岁的村民每月可享受一定金额的养老福利。

2015 年，战旗村被确定为集体经营性建设用地入市改革试点，村办复合肥厂、预制厂和村委会老办公楼用地入市拍卖，在四川省敲响了农村集体经营性建设用地挂牌拍卖的第一槌。

**2. 发展乡村旅游** 战旗村引入妈妈农庄、打造乡村十八坊等，发展乡村旅游。对于妈妈农庄的运营，战旗村以“土地入股十年底保底分红”的方式进行合作。妈妈农庄围绕花卉观赏交易、旅游观光等形成了一个完整的产业链条，同时解决了战旗村 120 多人的就业问题。乡村十八坊利用本土工匠技术资源，还原旧时作坊生产方式，打造传统农耕文化记忆，变乡村为景区，使老百姓有了财富新密码。

**3. 统一经营管理** 战旗村对集中的土地进行统一经营管理，优化生产体系，按照建基地、创品牌、搞加工的思路，做强做优绿色产品品牌，建设绿色有机蔬菜种植基地，并引进食用菌、蓝莓、草莓、蔬菜、苗木花卉种植企业等解决村内就业问题。全村现有13家企业，其中7家集体企业、6家民营企业，主要扎根于乡土资源，以农副产品加工、郫县豆瓣及调味品生产、食用菌生产和旅游业为主，形成了有机蔬菜、农副产品加工、食用菌工厂化生产等一产二产主导，妈妈农庄、乡村十八坊、吕家院子等乡村旅游业引领的一二三产业融合发展的格局。

**4. 优化人居环境** 战旗村村两委高度重视人居环境打造，下功夫彻底改变过去“垃圾靠风刮、污水靠蒸发、环境脏乱差”的格局，实现“污水有了‘家’、垃圾有人拉”，村里的生产生活条件、生态环境、公共服务得到极大改善，村庄整体面貌发生深刻变化。如今，所有村民住在干净整洁的现代化新居里，幸福感、获得感倍增。

## 绿水青山就是金山银山
## ——浙江省安吉县的幸福之路

**缘起：**

安吉县位于浙江省西北部，是黄浦江的源头、杭州都市圈重要的西北节点（图1-7）。2005年8月15日，时任浙江省委书记的习近平同志在安吉余村首次提出了“绿水青山就是金山银山”的科学论断。多年来，安吉努力践行“两山”理念，聚焦聚力改革创新，走出了一条生态美、产业兴、百姓富的绿色发展之路。乡村共享经济、创意农业、特色文化等新业态不断涌现，三产深度融合让安吉县成为美美与共的幸福地。

图1-7 浙江安吉

做法与成效：

2020年，安吉县实现地区生产总值487.06亿元，同比增长4.3%。完成财政总收入100.1亿元，同比增长11.1%，其中，一般公共预算收入59.8亿元，同比增长11.6%。城镇居民和农村居民人均可支配收入分别为59 518元、35 699元。安吉的发展也经历了三部曲。

**1. 生态建设打造美丽乡村** 从2005年开始，安吉以美丽乡村建设为载体，将187个村庄作为一盘棋统一规划，开展环境整治。目前，农村污水处理、清洁能源利用、生活垃圾无害化处理等13项治理措施实现全覆盖。在灵峰街道大竹园村，多年来无论是基础设施建设，还是规划建新村，村里都坚持大树不砍、河塘不填、农房依地形分布。

2009年以来，安吉以标准化为要求，编制了涵盖农村卫生保洁、园林绿化等在内的45项长效管理标准，还专门成立风貌管控办公室，保护好农村的一山一水、一草一木。2015年，安吉美丽乡村建设经验被写入《美丽乡村建设指南》（GB 32000—2015）国家标准。

长效管理、城乡并进的实践，在安吉各地生动演绎。例如，面对村里污水设施养护和绿化、道路、工程管理精细化等新要求，天荒坪镇大溪村将违法建筑监督、公共设施管理等事务交给了物业管理公司。运行一段时间后，村庄环境更加生态宜居、干群关系愈发和谐融洽。如今，安吉90%的村庄引入物业管理。

**2. 生态红利催生美丽经济** 在不断改善人居环境的同时，美丽经济成为安吉乡村发展的一条主脉络。按照宜工则工、宜农则农、宜游则游、宜居则居、宜文则文的原则，安吉充分挖掘生态、区位、资源等优势，为187个村庄设计了“一村一品、一村一业”的发展方案，着力培育特色经济。

溪龙乡黄杜村有着4万余亩白茶园，茶产业是全村的主要收入来源，村民对孕育茶叶的山水格外爱惜。在安吉，17万亩白茶园串起1.5万余户种植户，带动种植户年人均增收5 800元。越来越多村庄成为农民绿色生态的幸福家园，安吉人逐渐领略到一种全新的发展境界——一二三产业融合发展的生态经济形态。

近年来，通过科技创新、产业融合，安吉的竹产品种类从毛竹、竹笋、凉席发展到地板、家具、饮料等七大系列3 000多个品种，带动全县农民年人均增收7 800元。竹海之间，乡村旅游、养生养老、运动健康、文化创意等各类业态不断涌现，吸引上海、杭州等地游客蜂拥而至。

美丽生态与美丽经济共生，大量外地人到安吉创业就业，曾经外出工作或求学的安吉人也纷纷返乡；原先投向城市的资本，开始青睐乡村。

**3. 生态自觉带来美丽生活** 自2004年3月25日启动全国第一个“生态日”以来，“生态日”已成为安吉的一项重要活动。每年“生态日”，安吉所有的村庄都会开办生态讲座，普及生态知识；青少年用废弃物制成环保服装，走上生态广场进行表演；10万名群众巡查河道，美化环境……人们在享受绿色发展成果的同时，积极投身生态文明建设，形成绿色生活方式。

这些年，从倡导节水节电节材、垃圾分类投放等日常行为入手，安吉逐步构建起生活方式绿色化宣传联动机制，设立县、乡、村三级“两山”讲习所。随着绿色出行、绿色消费等环保公益行动相继开展，绿色家庭、健康家庭等创建活动深入推进，绿色生活蔚然成风。绿色融入乡村生活的方方面面，改变着村民的行为习惯，也推动了乡风文明和乡村善治。

## 案例启示

发展经验：

(1) 战旗村、安吉县乡村振兴实践充分体现了新发展理念的引领作用。

(2) 行政区域全域践行“绿水青山就是金山银山”这一发展理念，是乡村振兴的关键路径。

特别提示：

走行政区域全域发展路径，需要政策具有前瞻性和持续性，以保障区域产业沿着正确的方向发展。

## 头脑风暴

**1. 坚持创新发展，激发乡村振兴改革动力** 改革始终是农业农村发展的重要法宝。新时代推进乡村振兴，要坚持向改革要动力、向创新要活力，着力破除体制机制制约，让乡村各种资源要素活起来，让广大农民的积极性和创造性迸发出来。战旗村在乡村振兴实践中深入推进农村集体产权制度改革，探索宅基地所有权、资格权、使用权“三权分置”，有序推进农村集体经营性资产股份合作制改革；大力推进现代农业经营体系建设，深入推进农业供给侧结构性改革，构建以农户家庭经营为基础、合作与联合为纽带、社会化服务为支撑的立体式、复合型现代农业经营体系。

**2. 坚持协调发展，形成城乡平衡发展格局** 实施乡村振兴战略，是解决我国发展不平衡不充分问题的重大举措。必须贯彻协调发展理念，既要坚持城乡一盘棋，推进城乡之间、工农业之间协调发展，又要注重乡村自身精神文明和物质文明的协调发展。安吉县在乡村振兴实践中坚持农业农村优先发展的总方针，把重中之重、优先发展的要求，落实到政策制定、工作部署、财力投放、要素配置、干部配备等方面；推进城乡协调发展，加快建立健全城乡融合发展体制机制和政策体系，逐步推动人才、土地、资本等要素在城乡间双向流动；推进乡村物质文明与精神文明协调发展，保护和传承农村优秀传统文化，培育文明乡风、良好家风、淳朴民风。

**3. 坚持绿色发展，加快推进美丽乡村建设** 良好生态环境是乡村的最大优势和宝贵财富。要牢固树立和践行“绿水青山就是金山银山”理念，加快推行乡村绿色发展方式和生活方式，增加农业生态产品和服务供给，让生态环境优势转化为经济优势、发展优势，打造农民安居乐业的美丽家园。安吉县在乡村振兴实践中加强农村环境治理，全面推进农村人居环境整治，实现投入品减量化、生产清洁化、废弃物资源化、产业模式生态化；提升乡村生态品质，统筹山水林田湖草系统治理；积极发展绿色产业，发展生态观光农业和乡村休闲旅游业，形成环境美化与经济发展互促、美丽乡村与农民富裕并进的局面。

**4. 坚持开放发展，为乡村发展增添新活力** 实施乡村振兴战略，推进农业农村现代化，不能唯农业论农业、就农村谈农村，更不能只靠乡村自身积累，而要跳出乡村看乡村，在开放中为乡村注入发展活力、拓展发展空间。在乡村振兴实践中要以开放思维推进战略实施，积极借鉴国外乡村发展的成功经验，统筹利用好国际国内两个市场两种资源；要以对外开放促进产业升级，主动对接“一带一路”建设，打造一批农业国际合作示范区，建设一批出口农产品示范基地；要以开放的市场环境汇聚要素资源，着力优化乡村投资和营商环境，坚决破除妨碍城乡要素自由流动的政策壁垒，致力打造市场化、法治化、透明化的营商环境。

**5. 坚持共享发展，着力提升农民的获得感** 乡村振兴，生活富裕是根本。要顺应广大农民群众对美好生活的新期待，加快补齐农村基础设施短板，提高公共服务水平，全面提升农民生活质量，让广大农民在共建共享发展中有更多获得感。

能量加油站

《中华人民共和国土地管理法实施条例》

## 单元二　走近农业新业态

## 一、什么是农业新业态

### （一）农业新业态的含义

对于新业态三个字可以从以下角度理解：新即创新，打破传统，不同于以往；业代表有一定规模；态表示一种稳定、持续的状态。

农业不仅是第一产业（种植、养殖等），还包括相关联的第二产业（农产品加工和食品制造等）和第三产业（农产品流通、销售、信息服务和休闲旅游等）。农业新业态是指农业各产业、各要素融合而成的，具有创新性的不同农产品（服务）、农业经营方式和农业经营组织形式（图1-8）。

### （二）农业新业态的产生背景

农业新业态的产生，有以下几方面背景：

**1. 市场需求拉动**　随着经济发展，人民群众对文化、生态、健康等要素的需求明显提升，互联网、旅游、生态、农耕文化、健康养老等深度渗透并融

图 1-8 农业新业态

入农业农村发展的各领域、各环节，对农业发展提出了新需求，成为推动农业转型升级的重要动力。诸多新业态和新的经营模式不断涌现，成为增加农民收入、繁荣农村经济的重要支撑。

**2. 政策推动** 2015 年，国务院办公厅印发《关于推进农村一二三产业融合发展的指导意见》；2016 年，农业部印发《全国农产品加工业与农村一二三产业融合发展规划（2016—2020 年）》；2017 年，农业部办公厅印发《关于支持创建农村一二三产业融合发展先导区的意见》；2018 年，农业农村部印发《关于实施农村一二三产业融合发展推进行动的通知》，中共中央、国务院印发《乡村振兴战略规划（2018—2022 年）》；2021 年，自然资源部、国家发展改革委印发《关于深入推进农业供给侧结构性改革做好农村产业融合发展用地保障工作的通知》；等等。有关政策正从人、地、钱等方面形成组合拳，大力推进农村一二三产业深度融合发展，培育农业新业态。

**3. 创新驱动** 互联网等现代信息技术的快速发展，各领域管理制度的陆续完善，商业模式创新的不断涌现，共同驱动了农村传统产业形态的不断裂变，推动了乡村产业的转型升级和创新发展。

**4. 融合促进** 新理念和新技术加快向农业农村融合渗透，推动了各种要素的重新配置和交叉融合，促进了农村一二三产业融合发展，催生出大量的新产业、新业态、新模式。

## 二、新业态百花齐放

### （一）百变新业态

由于农业资源要素的多元性，近年来通过不同方式的资源融合，已催生出多种农业新业态，各种业态交叉、融合发展。

**1. 服务型农业新业态** 农业生产性服务是指贯穿农业生产作业链条，直接完成或协助完成农业产前、产中、产后各环节作业的社会化服务。农业生产性服务主要通过开展农技服务、农机服务、农产品流通服务、休闲服务等，产生农业新业态。

（1）农技服务。包括提供种植技术服务、畜牧水产技术服务。主要有种植业新技术、新品种、新成果和新器械的引进、试验、示范和推广；农作物病虫草鼠等农业生物灾害的监测、预报、指导防治和处置；畜禽水产品新技术、新品种的引进、试验、示范和推广；动植物疫病的监测、预报、指导防治和处置；畜牧、草原等种质资源保护和管理等服务。

（2）农机服务。农机服务是指农机服务组织、农机户为其他农业生产者提供的机耕、机播、机收、排灌、植保等各类农机作业服务，以及相关的农机维修、供应、中介、租赁等有偿服务的总称。农机社会化服务与农机化公共服务相互结合、相互补充，分别为农业生产提供了经营性、公益性的农机化服务，共同构成了推进农业机械化发展的重要力量。

（3）农产品流通服务。农产品流通是指农产品从生产领域进入流通领域，即农产品从生产者手中转移到消费者手中的过程。在“互联网＋”推动下，农产品流通服务催生了两种业态：

①农产品电子商务。是指用电子商务的手段在互联网上对农产品进行销售。其销售模式从传统的线上电商营销模式扩展为线上线下相结合的新零售、直播带货等模式。随着互联网的飞速发展和广泛应用，农产品电子商务有效推进农业产业化步伐，促进农业经济发展，改变农产品交易方式。

②全产业链溯源体系。这是一种“互联网＋农业”的信息化技术解决方案，结合物联网、云计算、大数据等技术，通过感知设备、通信网络和应用平台，利用二维码、无线射频识别等技术实现农产品生产、加工、物流、销售等全过程的无缝跟踪和监管。全产业链溯源体系有利于对生产经营流通过程进行

精细化、信息化管理，高效拓展农产品销售市场，打通生产者与消费者之间的信息壁垒，实现农产品从农田到餐桌全过程可追溯，保障农产品质量安全。

（4）休闲农业服务。休闲农业是利用农业景观资源和农业生产条件，发展观光、休闲、旅游的一种新型农业生产经营形态。休闲农业可实现农业功能拓展，深度开发农业资源潜力，调整农业结构，改善农业环境，增加农民收入。

休闲农业服务以拓展农业的加工增值功能、衍生服务功能、生态保护功能、观光体验功能、文化传承功能、科普教育功能和示范推广功能为发展方向，提供乡村休闲、自然观光、消费购物、农事体验、游乐活动、养生度假等多种服务。

**2. 现代设施设备（装备）农业新业态** 现代设施设备（装备）农业是在环境相对可控条件下，采用工程技术手段，进行动植物高效生产的一种现代农业方式。现代设施设备（装备）主要包括种植设施设备（装备）、养殖设施设备（装备）和贮藏运输设施设备（装备）三大类。

**3. 高新技术型农业新业态**

（1）生物农业。现代生物技术在农业领域的推广应用，形成了涵盖生物育种、生物农药、生物肥料、生物饲料、生物疫苗和制剂等领域的生物农业。目前，生物农业整体上处于大规模产业化的起始阶段，发展前景广阔。

（2）智慧农业。智慧农业就是充分应用现代信息技术成果，集成应用计算机与网络技术、物联网技术、音视频技术、无线通信技术及专家智慧与知识等，通过生产领域的智能化、经营领域的差异性以及服务领域的全方位信息服务，推动农业产业链改造升级，为农业生产提供精准化种植、可视化管理、智能化决策。

（3）未来农场。未来农场是智慧农业发展的高阶形式，又叫无人农场，是在劳动力不进入农场的情况下，利用“人工智能＋农业”方式进行生产作业的模式。2019 年，山东、福建、北京等地已开始了无人大田农场、无人猪场的探索。

（4）农业大数据。农业大数据是融合了农业地域性、季节性、多样性、周期性等自身特征后产生的来源广泛、类型多样、结构复杂、具有潜在价值，并难以应用通常方法处理和分析的数据集合。目前，农产品大数据应用比较典型的是京东和淘宝这两个电商平台。京东推出“京东大脑”数据计算方法，为消费者提供个性化、区域化的推荐结果。淘宝推出了农产品电商消费分析平台，商家可以根据以往的销售信息和淘宝指数，用可视化图表向用户提供商品排行榜、成交指数等。

四川省广汉市以国家现代农业产业园项目创建为契机，立足当地自然资源禀赋，突出粮油主导产业优势，与京东合作，构建了广汉市数字乡村运营支持中心。广汉市数字乡村运营支持中心与京东的电商数据、物流数据、消费信息数据实现数据交互，结合人工智能和大数据方面的技术优势，全方位采集和融合数据，形成广汉市农业大数据集合。通过大数据深度应用，提升和指导广汉市农产品生产、贸易流通、广告营销、价格定位、灾情预防、农产品创新、产业规划、消费预测、辅助决策等各环节，为农民、农业企业、政府职能部门等提供大数据分析、人工智能服务，推动农业全链条发展，提升农业综合效益和产业竞争力，培育农业农村发展新动能。

**4. 机制模式创新型农业新业态**

（1）订单农业。订单农业又称合同农业、契约农业，是近年来出现的一种新型农业生产经营模式，是指农业生产者根据其本身或其所在的村组织同农产品购买者签订订单，组织安排农产品生产。订单农业能较好地满足市场需要，避免盲目生产。

（2）社区支持农业。社区支持农业也称市民菜园，一般方式为消费者支付预付款，农业生产者按消费者需求提供农产品。社区支持农业是生产者和消费者风险共担、利益共享的城乡合作新模式，在生产者和消费者之间建立了直接联系的纽带，为消费者获得健康安全的农产品提供了一条可靠途径。

除了订单农业、社区支持农业外，众筹农业、定制农业等新业态也不断涌现。众筹农业、定制农业主要服务于对农产品质量有较高要求、具有一定消费能力的特定群体，是农业多样化发展的一种新趋势。

## （二）农业新业态发展特点

农业新业态的发展与经济发展水平密切相关。

（1）经济越发达的地区，农业新业态发展越充分、越完善、越多样，比如东部地区休闲农业的整体发展水平明显高于中西部地区。

（2）城市的辐射作用成为重要推动力。大中城市周边既有城市的功能，又有乡村的功能，是农业新业态发展比较充分的地区。特别是城市密集的人口和多样的消费需求以及休闲的便利条件为新业态提供了市场和技术支撑。城市化水平越高的地区，农业新业态类型越多样，业态发展越成熟和完善。

（3）发展空间呈层级结构特征。农业新业态在空间上，从近郊向中、远郊区发展，形成层级结构差别。其主要表现是：在业态类型上，越靠近城市，越接近城市休闲；越远离城市，越贴近生态休闲。

## 头脑风暴

1. 有一定规模的业态才能成为新业态。

2. 农业新业态百花齐放，一定要结合自身掌握的农业生产资料，模仿、创新模式，为自身农业生产经营服务。

## 能量加油站

《中华人民共和国乡村振兴促进法》

## 想一想

1. 新发展理念的主要内容是什么？
2. 如何应用新发展理念发展现代农业？
3. 农业新业态的含义是什么？
4. 农业新业态有哪些类型？

线上课堂 1

# 模块二

# 服务型农业新业态

• 了解服务型农业新业态的具体范畴；

• 了解服务型农业新业态的成功案例，学习相关案例的组织及运营模式。

# 单元一　农业社会化服务体系

近年来，随着土地流转规模不断扩大，家庭农场、农民专业合作社、农业企业等新型农业经营主体和服务主体，逐渐成为农业生产经营的主力军。随之产生的农业社会化服务组织也如雨后春笋般发展壮大，包括以提供农业社会化服务为主的各类专业公司、农民专业合作社、供销合作社、农村集体经济组织、服务专业户等主体。据不完全统计，截至2020年底，全国农业社会化服务组织超过90万个，农业生产托管服务面积超16亿亩次，其中服务粮食作物面积超9亿亩次，服务带动小农户7 000多万户。

农业农村部围绕健全专业化农业社会化服务体系，以推进农业生产托管为重点，推动资源整合、模式创新、主体壮大，促进农业社会化服务提档升级，在巩固完善农村基本经营制度、保障国家粮食安全和重要农产品有效供给等方面发挥重要作用。

**能量加油站**

## 发展农业社会化服务的重要意义

发展农业社会化服务，是实现小农户和现代农业有机衔接的基本途径和主要机制，是激发农民生产积极性、发展农业生产力的重要经营方式，已成为构建现代农业经营体系、转变农业发展方式、加快推进农业现代化的重大战略举措。

**1. 发展农业社会化服务是实现农业现代化的必然选择**　大国小农是我国基本国情农情，人均一亩三分地、户均不过十亩田的小农生产方式，是我国农业发展需要长期面对的基本现实。这决定了我国不可能在短期内通过流转土地搞大规模集中经营，也不可能走一些国家高投入高成本、家家户户设施装备小而全的路子。当前，最现实、最有效的途径就是通过发展农业社会化服务，将先进适用的品种、技术、装备和组织形式等现代生产要素有效导入小农户生产，帮助小农户解决一家一户干不了、干不好、干起来不划算的事，丰富和完善农村双层经营体制的内涵，促进小农户和现代农业有机衔接，推进农业生产过程的专业化、标准化、集约化，以服务过程的现代化实现农业现代化。

**2. 发展农业社会化服务是保障国家粮食安全和重要农产品有效供给的重要举措** 随着农业生产成本不断上涨，粮食等重要农产品的比较效益越来越低，导致农业生产主体积极性不高，保障国家粮食安全和重要农产品有效供给面临严峻挑战。从目前形势看，降成本、增效益是保供给、固安全的关键。发展农业社会化服务，通过服务主体集中采购生产资料，可以降低农业物化成本；统一开展规模化机械作业，可以提高农业生产效率；集成应用先进技术，开展标准化生产，可以提升农产品品质和产量，实现优质优价，农业社会化服务已成为促进农业节本增效、农民增产增收最有力的措施。

**3. 发展农业社会化服务是促进农业高质量发展的有效形式** 与农业高质量发展的要求相比，我国农业面临化肥农药用量大、利用率低，技术装备普及难、应用不充分，农产品品种杂、品质不优，以及农民组织化程度低等问题，迫切需要用现代科学技术、物质装备、产业体系、经营形式改造和提升农业。实践表明，农业社会化服务的过程，是推广应用先进技术装备的过程，是改善资源要素投入结构和质量的过程，是推进农业标准化生产、规模化经营的过程，也是提高农民组织化程度的过程，有助于转变农业发展方式，促进农业转型升级，实现质量兴农、绿色兴农和高质量发展。

## 一、技术服务型社会化组织

技术服务型社会化组织主要开展农业新技术、新成果的引进、试验、示范、总结、推广等工作。以农业服务超市（公司）为例，其服务内容如图 2-1 所示。技术服务型社会化组织主要涉及以下四类技术服务：

**1. 农业工程类** 包括高标准农田建设技术服务、水肥一体化精准节水灌溉及施肥技术服务、土壤改良与修复技术服务等。

**2. 农业技术类** 包括绿色农产品生产技术服务、有机农产品生产技术服

务、地理标志农产品生产技术服务等。

**3. 职业培训类** 包括新型农业经营主体带头人培训、农业经理人培训、农村致富带头人培训、农业技术推广人员及管理人员培训等。

**4. 管理体系类** 提供现代企业管理体系建设方面的辅导与认证服务等。

不同的经营主体可根据自身情况，开展形式多样的技术服务工作。下面对种植业和养殖业中的技术服务型社会化组织典型案例进行分别介绍。

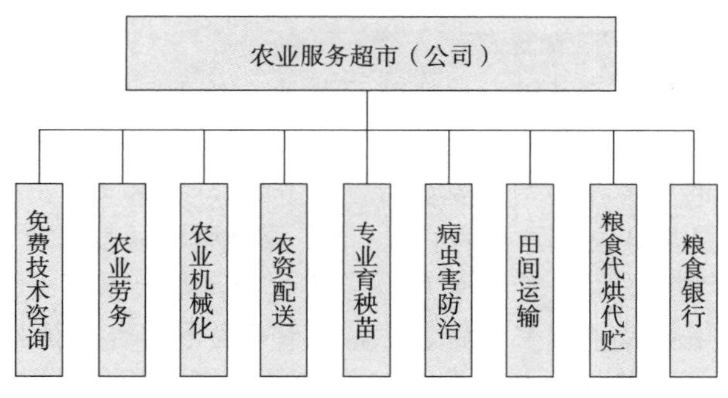


图 2-1 农业服务超市（公司）服务内容

## （一）种植服务

### 案例分享

### 土地托管“345”模式助农增收
### ——太平土地托管中心典型做法

**缘起：**

四川省绵阳市游仙区忠兴镇的太平土地托管中心成立于 2014 年 6 月，由 1 家农民专业合作社、1 家龙头企业、6 户种植大户和 3 户家庭农场发起，现有成员 2 088 户。太平土地托管中心是游仙区大型农业社会化综合服务体，辐射游仙区、梓潼县和江油市的 10 个乡镇，服务农户 3 228 户，托管土地面积 14 335 亩。太平土地托管中心依托三种方式、四支队伍和五个统一的“345”农业社会化服务模式，有效破解了深丘偏远地区农村劳动力短缺、土地撂荒日益严重的难题，实现了四降低两增加，即种粮成本降低、农资用量降低、机械化成本降低、设施投入降低和粮食产量增加、经济收入增加。

做法与成效：

**1. 采取灵活的托管方式** 太平土地托管中心在坚持家庭联产承包责任制不变、农民土地使用权不变、农民经营主体不变、农民投入主体不变、农民受益主体不变等“五个不变”原则下，遵循依法、自愿、有偿原则，以全托、半托、代管三种方式为农户的闲置土地提供托管服务，对外出务工农户撂荒的土地实行统一管理、统一种植、统一烘干销售，较好地解决了抛荒土地“谁来种”的问题。

（1）全托模式。全托就是农户把承包地交给太平土地托管中心，从耕种到收获、销售均由太平土地托管中心负责，农户按与太平土地托管中心签订的协议取得托管土地的收益。目前全托模式主要以外出务工农户为服务对象，服务1 132户农户6 503亩土地。全托模式采取保底托管收益和二次收益分配的方式分配托管土地所取得的收益，最大限度地保障了托管农户的权益。全托模式有保底收益、土地托管收益和粮食产量收益三种收益。保底收益是按土地等级以每年每亩300～500元不等的价格由太平土地托管中心支付；土地托管收益是待粮食收获核算出纯利润后再按1∶3∶6的比例，在太平土地托管中心、农户、实际耕种户三者之间进行分配；粮食产量收益是太平土地托管中心当年取得的收益按4∶6的比例在中心与农户之间进行分配（图2-2）。

图2-2 为农户讲解托管合同内容

（2）半托模式。半托就是太平土地托管中心为农户提供农资、农机、技术、销售等服务，收取服务费用，种田收益全部归农户所有。这一模式服务1 564户农户4 712亩土地。

（3）代管模式。代管就是太平土地托管中心负责为农户采购化肥、种子、农药等农资，提供农机、技术等服务，收取代管服务费用。目前代管模式主要面向散户，服务532户农户3 120亩土地。

采取半托模式、代管模式的农户，不参与太平土地托管中心的二次分配，但是享受的服务价格约为市场价的80%。

**2. 组建专业队伍** 太平土地托管中心以市场需求为导向，创新求变、大胆探索，组建了机械服务队、种植技术指导队、病虫害防治队、生产物资保障队等四支专业化队伍，提高托管水平。

太平土地托管中心有可统一调度支配的农业机械设备43台，其中大型旋耕机25台、收割机18台。有机动喷雾器80台，植保无人机1台，大米加工机械1套，21吨粮食烘干机2台，12吨粮食烘干机1台，10吨粮食烘干机1台，可日处理粮食100吨以上（图2-3）。此外，还有病虫害防治人员60人、农技专家5人。

图2-3　太平土地托管中心的部分农业机械设备

2014—2019年，太平土地托管中心帮助农户累计增收3 000多万元，将零散撂荒的土地集中管理，发展优质粮油等特色种植业，让农户安心进城或外出打工，确保了农户的土地权益和土地收益，实现了经济效益和社会效益双丰收。

**3. 坚持“五个统一”** 太平土地托管中心对托管土地实行作物统一机械收种、生产资料统一购买配送、种植技术统一指导、生产标准统一规范、种植产品统一外销“五统一”模式。与农资生产商建立直接联系，减少供应商等中间环节，在确保提供优质化肥、农药等农资的前提下，使采购的农资价格平均降低30%，实现了粮食成本降低、农资用量降低、机械化成本降低、水电设施投入降低。

太平土地托管中心通过与粮食收储加工企业合作，开展订单式生产，实现了粮食产量增加、经济收入增加。例如，太平土地托管中心与绵阳市游仙粮油购销公司、绵阳仙特米业有限公司等知名粮油供销企业签订生产销售协议，实现订单式生产，没有中间环节，销售价格比当地市场价格高25%，很好地解决了产品销售难、价格不稳定等问题。

通过多措并举，太平土地托管中心取得了以下成效：

一是经济效益明显，农户、实际耕种户和太平土地托管中心实现共赢。采取全托模式的农户，大部分在托管前没有任何经济收入，托管后每年每亩地可获得620～720元的收益。采取半托或代管模式的农户，借助太平土地托管中心的服务，每年亩均减少生产资料、劳动力等投入约220元，每年亩均增产10%、增收80元，每年亩均实际节本增收300元左右。此外，太平土地托管中心还提供零活就业岗位300余个，岗位平均年工资4 000元（图2-4）。

太平土地托管中心下属合作社通过耕种防收、农技、烘干等全产业链社会化服务，扩大了经营范围，提升了盈利能力，年经营收入由起初的不到5万元增加到如今的30余万元。实际耕种户年平均收入由以前的2万元增加到现在的10多万元。

图2-4 全托模式下返利现场

二是社会效益凸显，推动生产方式转变。通过托管服务，忠兴镇的土地闲置率由36%降为7.8%，土地得到了有效利用，增强了乡村发展活力。太平土地托管中心在托管的土地上全面推广适应性强、米质优良的水稻品种，广泛应用测土配方施肥、飞防、稻谷低温烘干、全程机械化和秸秆还田等新技术，有效提高了稻米产量和品质，推动农业绿色发展。

通过托管服务，忠兴镇的农业生产方式得到转变，走向规模化、集约化。农户可根据自身的兼业状况和劳动力状况，自行选择将全部或部分农活托管给太平土地托管中心，实现了劳动力在打工和种地之间的优化组合和最佳配置。

## 农业大联合
## ——金丰公社的典型做法

**缘起：**

民以食为天。近年来，粮食安全问题日益受到人们关注，如何用好化肥、农药，成为一项影响国计民生的重要举措。为了确保农产品质量安全、更好地满足消费者需求、加快农业转型升级，2015 年 11 月，复合肥生产商金正大集团建立了全资子公司——金丰公社，最初注册资本 1 000 万元。金丰公社致力于打造农业全产业链闭环，旨在通过贯穿种植业全过程的综合服务，满足种植户的需求，推动规模化、现代化种植，实现农民不种地、专业人员帮农民种地的作业方式。

**做法与成效：**

**1. 整合上下游链条，一站式服务受追捧**　金丰公社创始人、董事长李计国在谈到公司经营理念时曾这样表述："长期以来，企业、经销商和农户是买卖关系，三者通过价格、优惠、促销等连接在一起。但企业离农户太远，产品差价更多让经销商赚取，农户成了最后的买单者。"

为了减少与经销商的博弈，真正为农户服务，金丰公社选取河北、山东、湖北、河南、陕西、贵州等地 8 县，尝试开展农业服务。金丰公社先后在试点县成立县级公社，为农户提供包括农作物代种代收、农作物营养解决方案、农产品销售等在内的全程托管、半程托管及农资套餐服务，打造一个开放共享的农业服务平台。与以往散户相比，全程托管种植成本降低 10%、产量增加 10%。农户只需交纳一定的托管费，便可享受从种到收的一条龙服务。原来农户自己种地，每亩要投入 450 多元；交给金丰公社托管后，每亩地交 389 元的套餐费，其中包含了种子、农药、肥料、收割等服务，每亩节省了 60 多元成本。

因为托管服务为农户带来了实实在在的好处，农户对托管服务高度认可，大量的农资生产商、金融机构和农产品加工企业也纷纷加入托管服务行列，金丰公社、农户、农机手、企业等实现了多方共赢。

**2. 从资本到资源，金丰公社创造不可能**　2016 年底，世界银行与金丰公社开始接触，并在全国多地对金丰公社的服务模式进行考察调研，并最终向金丰公社注资1亿美金。随后，华夏银行、金正大集团陆续向金丰公社注资，金丰公社实现了资本体量的跨越。

金融力量的加持仅是金丰公社的第一步。在流量有限的情况下，如何吸引优质农资企业成了摆在金丰公社面前的一道难题。2017年，金丰公社与世界级农资企业拜耳公司建立合作，探索与优质企业的合作模式。

随后，越来越多的企业与金丰公社开展合作，合作企业类型覆盖从种到收再到销的农业全产业链。在产业链上游，有金正大集团、巴斯夫公司、拜耳公司、道依茨法尔机械有限公司等业界领先的肥料、农药、农机公司；在产业链下游，有正大集团、鲁花集团、美团网、华润万家超市等为金丰公社搭建了产销对接的高效通道，破解了农产品销售渠道不畅和卖价偏低的难题。

在产销对接方面，金丰公社先后与正大集团签订40万吨玉米订单、与鲁花集团签订2万吨高油酸花生订单，同时打造“黄金富士”“千金薯”等8个特色农产品品牌，进一步提高了农户收益。

金丰公社与光大银行、华夏银行、蚂蚁集团开展贷款合作，为种植户、农机手发放贷款。

**3. 金丰公社网络逐步建成，共享经济释放新动能** 在汇聚资源、积累流量后，金丰公社在全国各地快速发展起来。例如，安徽省宿州市萧县金丰公社总经理包东风便是从农资经销商成功转型为服务商的。2015年，萧县成为全国县级金丰公社试点之一。从最开始的赔钱，到后来的托管服务10万亩小麦，包东风依靠出色的农业服务，从一个卖化肥的店主成为当地有影响力的农业企业家。

又如，内蒙古自治区呼伦贝尔市阿荣旗金丰公社总经理王全义原本是当地最大的轮胎经销商，现在却跨界干起了农业服务。2017年，他主动加入金丰公社。从最初托管服务2万亩土地，到2019年托管服务20万亩土地，王全义成功实现了转型。

依据各地不同的实际情况，金丰公社开发出多种经营模式，并在全国各地复制推广。2017年底，县级金丰公社发展到37家；2018年底，县级金丰公社发展到182家；2019年5月底，县级金丰公社裂变到303家，覆盖全国22个省（自治区、直辖市）。

为实现农业服务的高效化、精准化、专业化，金丰公社不断加大数字技术在现代农业领域的应用和推广，着力建设数字化服务系统平台。金丰公社借助数字化服务系统平台整合上下游资源，为农户提供灵活、高效、可扩展、易操作的平台服务。

## 构建现代农业服务体系
## ——崇州市的探索与实践

**缘起：**

农业的根本出路在于科技进步。近年来，四川省崇州市积极适应现代农业发展对科技的需要，着力解决农业科技成果怎么转化、谁来推广、怎样应用、如何发展等具体问题，探索农业科技转化“最后一道坎”和农业科技推广“最后一公里”的有效途径。

**做法与成效：**

崇州市搭建了以农业专家大院为转化核心、以农业科技服务团队为推广纽带、以土地股份合作社为应用载体、以成果应用价值体现为目标的四大农业科技服务平台，初步形成了融农业科技成果转化、推广、应用和价值体现等功能于一体的新型农业科技服务体系（图 2-5）。

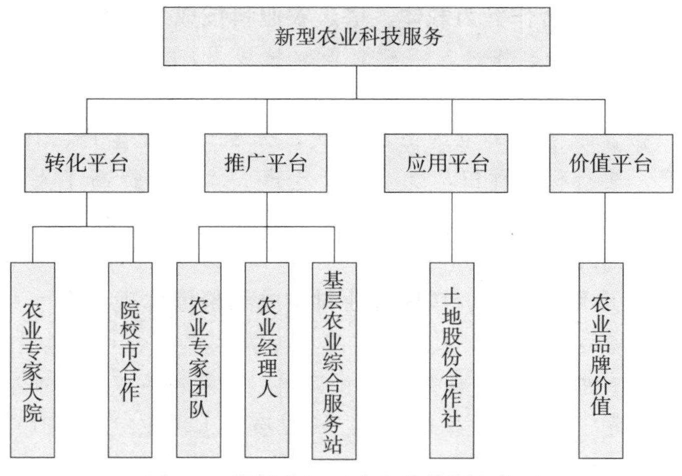


图 2-5　崇州市新型农业科技服务体系

**1. 以农业专家大院为核心，搭建农业科技成果转化平台**　依托“一校两院”（四川农业大学、四川省农业科学院、成都市农林科学院），崇州市组建了集农业科技转化、项目合作、人才培养等功能于一体的综合性农业专家大院，搭建农业科技成果转化平台。农业专家大院内设科技项目评审委员会、综合管理部、项目管理推广部、人才工作站，下设粮油科技、畜禽科技、果蔬科技、农产品加工研发四大中心，建立健全项目评审考评、学科专家聘用、课题管理激励、转化利用服务、后勤管理保障五大机制，并与“一校两院”达成合作协议，建立农业专家大院人才库和项目库。农业专家大院聘用农业专家做技术顾问，积极引进、推广科技成果，并与多家农业企业、农民专业合作社签订了科技服务协议。凭借农业科技成果转化的突出成效，崇州市被评为四川省省级农业科技园、四川省农业科学院科技成果转化中试基地、四川农业大学科研和成果转化基地、成都市农林科学院科技推广基地。

**2. 以农业科技团队为纽带，搭建农业科技成果推广平台** 崇州市积极探索基层农业综合服务站公益性服务和社会化经营实体经营性服务的有机结合形式，组建农业科技团队，搭建农业科技推广服务平台。一是依托“一校两院”专家和县级农业技术推广中心技术人员，组建农业科技专家团队。二是依托基层农业技术推广人员，组建农业科技推广团队。三是建立农业专家团队、农业经理人、高素质农民互通的农业科技服务体系，打通农业科技推广运用的“最后一公里”。

**3. 以土地股份合作社为载体，搭建农业科技成果应用平台** 崇州市通过大力发展土地股份合作社，搭建农业科技成果应用平台，解决了谁来应用科技的问题，提高了农业科技应用水平。土地股份合作社采取良种统供、技术统训、物资统配、病虫统防的方式，开展订单化生产、标准化生产、规模化生产，实行科学种田，既节约了生产成本，又提高了生产效益。土地股份合作社应用测土配方施肥、水稻机插秧、绿色防控等节本增效技术12项，应用面积20万亩以上。

**4. 以成果应用为目标，搭建农业科技成果价值体现平台** 崇州市坚持政府主导、市场运作模式，采取“大院＋专家”“专家＋土地股份合作社”等联结方式，通过农业科技成果的转化应用，发展特色农业、有机农业，助推农业品牌打造，提高农产品附加值。通过培育土地股份合作社等农业科技成果应用载体，打造了西蜀巧妹、白头五星、阡陌上善等一批生态农产品、特色农产品，推动了高端农业发展，提高了农业科技成果的应用价值。

建设覆盖全程、综合配套、便捷高效的社会化服务体系是发展现代农业的必然要求。针对粮食规模经营中面临的社会化服务内容单一、服务对象找服务难和技物不配套等问题，崇州市通过整合公益性农业服务资源和社会化农业服务资源，积极探索构建公益性服务与经营性服务相结合、专项服务与综合服务相协调的新型农业社会化服务体系。

在运作模式上，按照政府引导、公司主体、市场运作、自主经营、技术配套、一站服务的发展思路，依托基层农业综合服务站，整合公益性农业服务资源和社会化农业服务资源，引导社会资金参与，组建综合性农业社会化服务公司——成都蜀农昊农业有限公司。成都蜀农昊农业有限公司依托基层农业综合服务站，建立农业服务超市，搭建一站式农业社会化服务平台。

在服务方式上，农业服务超市作为成都蜀农昊农业有限公司的经营门市，根据土地股份合作社及土地规模经营业主的需求，提供农业技术咨询、农业劳务、农业机械化、农资配送、专业育秧（苗）、病虫统治、田间运输、粮食代烘代贮、粮食银行等全程农业生产服务。基层农业综合服务站制订农技服务计划，对农业服务超市提供的服务实行登记备案制度，加强业务指导和服务质量监督；农业服务超市按照基层农业综合服务站要求制订经营性服务“菜单”，根据“点菜”情况，满足服务对象对耕、种、管、收、卖等环节多样化的服务需求。所有服务项目均明码标价，供服务对象选择。

截至 2021 年 3 月，成都蜀农昊农业有限公司在崇州市桤泉、隆兴、济协等片区建成农业服务超市 9 个，超市服务面积达 20 余万亩。整合农机专业合作社（大户）22 个，拥有大中型农机具 320 套、专业从业人员 662 人；整合农资供应商（企业）15 家，为合作社提供肥料 7 560 吨、种子 100 余吨；整合劳务合作社 6 个，拥有从业人员 1 000 多人；整合植保专业合作社（植保机防队）16 个，拥有植保机械 700 余台套；整合专业育秧公司，建成工厂化育秧中心 2 个、水稻集中育秧基地 25 个，年供秧能力 10 万余亩；建成库容 2 000 吨的粮食就仓干燥仓库；试点探索粮食银行服务，建成粮食银行兑换点 8 个。农业服务超市为土地股份合作社和土地规模经营业主提供农业生产环节中的全程“保姆式”服务，从而推动了农业专业化生产，使大量农民从农业生产中解脱出来，实现向城镇化和二三产业转移。

## 专注技术服务
## ——成都优耕生态农业科技有限公司的实践之路

**缘起：**

成都优耕生态农业科技有限公司是一家于 2014 年成立的科技型公司。公司倡导健康农业理念，引进并运用土壤改良技术，构建农作物创新技术体系和产品结构模式，实现安全、优质、高效、生态生产目标（图 2-6）。

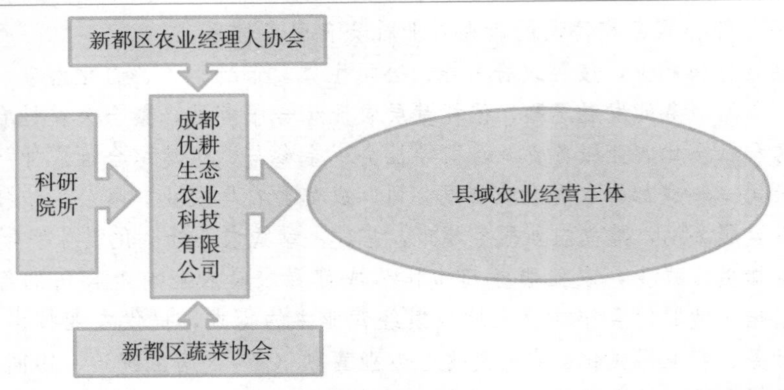


图 2-6　服务模式

**做法与成效：**

成都优耕生态农业科技有限公司主要从事以下几方面农业技术服务：

一是通过政府购买服务，参与实施了成都市新都区锦绣田园水肥一体化建设、拾里庭院高标准农田建设、南充市柑橘产业园节水农业建设与土壤改良项目。

二是协助泸定县海螺沟景区管理局制定农旅规划，完善泸定县苹果高产丰产技术方案；优化凉山州雷波脐橙核心产区柑橘品质提升方案；为简阳市平息乡 2 000 亩水蜜桃提供种植管理服务；为越西县 5 000 亩花椒基地、1 000 亩金银花基地提供生产技术服务。

三是开展农民培训。2016—2020 年，累计培训全省农业经理人近 6 000人次，举办农产品电商、农业技术等专题培训 23 期，培训成都市新繁镇重点村社农业从业人员 2 000 人次（图 2-7、图 2-8）。

图 2-7　教育培训活动一

图 2-8　教育培训活动二

四是协助成都市新都区5家大型果园（规模在200亩以上）成功获得有机农产品认证，指导四川省160余家家庭农场、农民专业合作社、农业公司申报绿色农产品认证；协助成都市新都区蔬菜协会成功申报“新都大蒜”地理标志农产品（图2-9）。

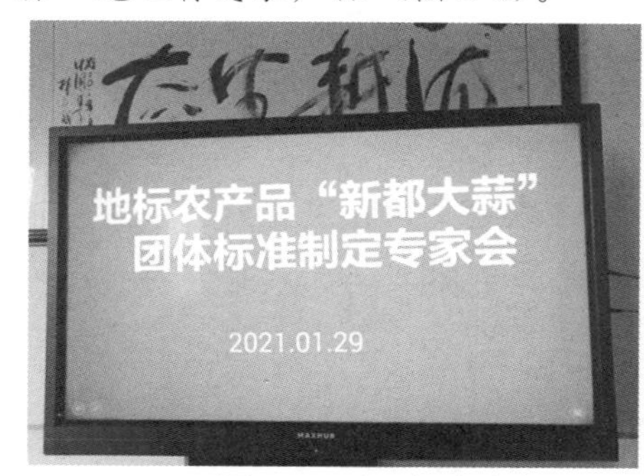

图 2-9　地理标志农产品“新都大蒜”团体标准制定专家会

经过多年发展，成都优耕生态农业科技有限公司取得了以下成效：

**1. 减量增效成绩突出**

（1）通过大力实施“两减一增”（减少化肥施用量、减少农药施用量、增加经济效益）方案，指导种植户科学用肥，每亩每年减少10千克化肥用量，反而增产100斤，给种植户带来了实实在在的经济效益。

（2）大力倡导将有机肥与生物菌配合使用，提升土壤肥力，增加土壤有机质含量，恢复土壤活力。服务区域内作物出现烂根、死苗情况明显减少，作物长势良好。

**2. 绿色生产逐步规范**

（1）通过不断培训，增强种植户的绿色生产意识，加强对种植户的技术指导，引导并推动种植户实现农产品全过程绿色生产。

(2) 在服务区域，成都优耕生态农业科技有限公司向主管部门递交年度相关数据和整改建议，争取政策支持。

(3) 合理制定生产流程与种植方式，遵循即种植、即改善原则，坚持生态效益和经济效益两手抓。

(4) 统一采购生物有机肥、土壤改良剂，保障服务对象利益最大化。

(5) 定期开展投入品使用技术培训，努力提升服务对象的农业绿色发展意识。

## 勇于做农业新业态开拓者
## ——达州市达川区芬芳家庭农场典型做法

**缘起：**

达州市达川区芬芳家庭农场坐落于达州市达川区万家镇五洞村，成立于2001年，于2014年6月登记注册。农场先后被四川省农业农村厅评为省级示范家庭农场、省级百强典型家庭农场，被全国妇联、科技部、农业农村部联合认定为全国巾帼现代农业科技示范基地，被中央农业广播电视学校、中国农民体育协会推荐为全国示范农民田间学校。

农场主蒋启芬是达州市达川区的普通务农人员，在农业农村改革大潮的推动下，率先转变经营思路，以自己所拥有的农业生产资源为基础，成立了达州市达川区芬芳家庭农场。

**做法与成效：**

**1. 创新六大经营模式** 农场成立初期，遇到了不少困难：一是投入大、见效慢、资金紧、运转难，二是技术缺、设施差、品种单一。在省、市、区各级农业农村部门的支持与帮助下，加上农场内部人员的相互支持与鼓励，农场最终战胜了困难。通过技术升级，蒋启芬将农场种的黑宝石李由露天栽培转为设施栽培，既有效控制了水分、增强了光照，又延长了采果期。蒋启芬以农场原有的800余株油桃为砧木，高位嫁接水蜜桃；以农场原有的600余株苍溪雪梨为砧木，高位嫁接丰水梨：既提高了产量，又增加了效益。结合自身条件，达州市达川区芬芳家庭农场创新六大经营模式，即“猪—沼—果”种植模式，“沼—草（菜）—鱼”养殖模式，“采摘＋垂钓＋观光”休闲模式，“土地流转＋常年务工＋季节创收”增收模式，“自摘＋定销＋批发”销售模式，“引进良种＋园区试验＋指导服务”带动模式。通过不懈努力，农场实现了由传统家庭农场向现代家庭农场的转型，取得了良好的经济效益和社会效益（图 2-10）。

图 2-10　农场俯瞰

**2. 增加周边农户劳动就业收入**　农场提供就业岗位，帮助周边农户增加收入。农场有常年务工人员 20 余人，此外，每年农忙时还雇用 200 余人次临时工，既提高了农户就业率，又增强了农户的种养技术，带动农户共同致富（图 2-11）。

图 2-11　向周边农户传授种植技术

**3. 推广新技术**　农场编印种植技术资料 3 万多份，发给周边农户和前来参观学习的群众。农场在园区设立技术服务点，建设科普宣传墙，创办科普园地。农场组织开展实用技术培训 70 余次，年接待前来观摩学习的干部群众达 3.2 万余人次。此外，农场积极推广果树栽培新技术、新品种，以嫁接技术为重点，实施标准化生产，再结合病虫害物理防治与生物防治，极大地改善了水果品质，提高了产量，促进了效益提升（图 2-12）。

图 2-12　现场教学

**4. 研究培育新品种**　农场引进新品种，并加以改进和培育；农场的专家技术团队积极研究简单、实用、有效的新技术并加以推广。农场向当地农户无偿捐赠优质果苗 10 000 余株和优质水果1 000箱，与农户共享发展成果。在实现自身快速发展的同时，农场还带动渠县、宣汉县等周边县的农户发展水果种植，产生了良好的社会效益（图 2-13）。

图 2-13　特色水果展示——黑宝石李

农场努力提升自身的影响力和服务水平，精准、优质、高效地服务“三农”，并不断创新，开发新产品、研究新技术，竭力为农户提供农业技术指导与服务，为实现全面乡村振兴贡献自己的力量。

## 从好理念到好结果
## ——甘肃谷丰源农化科技有限公司典型做法

**缘起：**

甘肃谷丰源农化科技有限公司成立于 2006 年，主要业务范围是为种业公司、种植专业合作社、种植大户、家庭农场等新型农业经营主体提供农业生产全程社会化服务。公司在销售农药、肥料等农业生产资料过程中发现，一家一户的小农户滥用农药、化肥造成农产品质量参差不齐、土壤面源污染等问题还比较严重。针对这种状况，甘肃谷丰源农化科技有限公司按照农业生产标准化思路，以作物为核心，对全程植保绿色防控和科学施肥技术进行优选和集成，探索通过生产托管为服务对象提供全程水肥药一体化农业生产性服务，构建了“专业服务公司＋生产公司（企业）＋小农户”的“农工场”托管服务模式，推动农业标准化技术在小农户生产中落地，实现了从农民单家独户传统生产模式向专业化、标准化的“工场化”生产模式的转变（图 2-14、图 2-15）。

图 2-14　肥料试验

图 2-15　耕种服务

**做法与成效：**

从产品到方案再到价值，作为甘肃省农业生产社会化服务的探索者和先行者，甘肃谷丰源农化科技有限公司按照好理念、好方案、好产品、好执行、好结果的“五好”公司愿景，经过十多年的不断实践，探索出农技推广社会化服务模式，服务节点逐步从种子处理、绿色防控、统防统治，向土壤改良、配方施肥、水肥一体化、高产栽培、植物健康、农机收获等农业生产全程延伸。

“好理念”是农业生产社会化服务的指导思想。甘肃谷丰源农化科技有限公司坚持以作物为核心，以大地为农业生产车间，以技术集成为生产工艺，引导新型农业经营主体将农业生产中相关节点工序标准化，以工业化思维、市场化模式进行农业生产社会化服务。

“好方案”是农业生产社会化服务的灵魂，是核心竞争力的集中体现。甘肃谷丰源农化科技有限公司汇集科研、教学、农技推广等部门专家智慧，全力打造玉米、高原夏菜、马铃薯等作物生产技术解决方案，每年技术推广面积达 50 万亩以上，帮助种植者每年亩均增值 200 元。

“好产品”是农业生产社会化服务的有力支撑。甘肃谷丰源农化科技有限公司推出了一系列符合国家标准、绿色环保、科技含量高的产品，使服务方案产生最大效益。

“好执行”是农业生产社会化服务的有力保障，要依靠出色的团队执行力来保证。甘肃谷丰源农化科技有限公司做到执行前精心策划，充分准备；执行中完美高效，及时全面；执行后总结评价，不断完善。

“好结果”是农业生产社会化服务的不懈追求。甘肃谷丰源农化科技有限公司努力帮助种植者创造价值，实现共赢共享。

2016—2018 年，甘肃谷丰源农化科技有限公司累计托管玉米制种面积超过 216 万亩。从 2018 年开始，与甘肃省国营八一农场合作，开展药材绿色防控社会化服务，药材霜霉病防效达到 95%，用药量下降 10%～25%，农药残留量、重金属含量等均符合国家标准，亩均增产 20% 以上，亩均增收 315.5 元。公司通过提供病虫害统防统治、测土配方施肥、水肥一体化和土壤改良优化集成等农业生产服务，帮助农户节约了生产资料投入、增加了收益、提升了生态效益，还培育了一批农业生产托管服务主体。

## 案例启示

发展经验：

(1) 技术服务型社会化组织主要依托自身具有的农业生产技术和相应的农业生产资源，搭建一个服务平台，除了满足自身发展需要外，还以货币或品牌的形式输出服务，带动整个产业朝规模化发展，最终实现更高的经济效益。

(2) 一些技术服务型社会化组织是从区域性产业带头人转变而来的。这些组织自身规模或许不大，但摸清了农业产业发展规律和技术特点，积极带动更多的农户投身该产业。

(3) 一些技术服务型社会化组织创造了国内领先技术，形成了标准化、可复制的方案，推动产业更好更快发展。

特别提示：

(1) 技术服务型社会化组织依托自身所在区域的优势产业，提供有针对性的服务，效果好，但服务区域有一定的局限性。

(2) 农业生产受天气影响大，技术服务型社会化组织在提供农业生产服务时要注意规避气象灾害对生产带来的影响，降低损失。

## 头脑风暴

1. 什么样的农业技术服务适合你所在的农业生产经营主体？
2. 如何评价技术服务型社会化组织的服务效率？

### （二）养殖服务

## 案例分享

脱贫路上的帮扶人
——内江与众养殖专业合作社典型做法

缘起：

四川省内江市东兴区永兴镇团山村有8个组、324户，共1 274人。过去，村里无产业，大部分村民靠传统种植过日子，2013年团山村被列为省级贫困村。

在脱贫攻坚工作中，团山村的贫困户收到了由国家扶贫产业发展资金提供的扶贫资金。因为内江是传统的肉牛养殖区域，因此贫困户们想到利用扶持资金发展肉牛养殖产业。但肉牛养殖有一定的技术难度，为解决贫困户养殖技术困难，内江与众养殖专业合作社便应运而生了。

**做法与成效：**

内江与众养殖专业合作社以为贫困户提供养殖技术服务为主要工作内容，由国家扶贫产业发展资金为合作社提供资金保障，合作社与贫困户签订托管代养协议并设立监管方。在生产管理上，内江与众养殖专业合作社统一购买饲料、统一饲养、统一管理和销售。肉牛出售后，贫困户享受利益分红。

在传统养殖过程中，村民单独养殖肉牛成本相对较高，而由养殖专业合作社托管代养，养殖产量和疾病防控率相对稳定，贫困户不出一分钱，一年就能分红几千元。很快，内江与众养殖专业合作社就赢得了贫困户的信任与支持。

内江与众养殖专业合作社的成立，也解决了部分村民的就业问题。贫困户王铭双成为合作社的一名固定员工，他每天负责牛场圈舍的卫生、肉牛的喂食等工作。合作社共有三名固定员工，其中两名是贫困户，农忙时还要请当地村民来上班，工资都按时发放。

团山村的32户贫困户与内江与众养殖专业合作社签订了每户一头牛的托管代养协议。2018年11月，合作社托管代养的第一批肉牛出栏。根据协议，托管代养的肉牛出售后，除去成本，收益实行六四分成，即贫困户分六成，合作社分四成。合作社确保贫困户每年不低于2 000元的分红。

通过合作社托管代养这一帮扶模式，实现了合作社赢利、贫困户增收，确保了团山村2018年退出贫困村、贫困户全部脱贫。

## 肉牛经营模式试点与示范

**缘起：**

现阶段，我国肉牛养殖仍以分散饲养为主，在设施设备、技术应用、市场对接等方面相对落后，且交易成本较高。而农民专业合作社、农业企业等新型农业经营主体掌握更多的行业优质资源，拥有较强的组织能力与学习能力，更易接受和采纳标准化管理技术从事规模化养殖，通过订单、托管等方式对接更多养殖户，能够快速实现肉牛产业转型升级。

2019年，农业农村部针对草食畜牧业生产成本偏高、生产效率偏低等问题，启动了农牧交错带牛羊牧繁农育关键技术集成示范项目，在内蒙古、山西、河北、辽宁、陕西、甘肃、宁夏和青海等8个省份的主要农牧交错区，建设20个牛羊牧繁农育生产模式示范基地，旨在通过关键技术研究的集成，做好关键技术在示范企业的效果验证与示范工作，形成一批可推广可复制的成熟技术模式，并使其成功落地，真正发挥促进产业高质量发展的作用。

**做法与成效：**

内蒙古、山西、河北、辽宁、陕西、甘肃、宁夏、青海等农牧交错区兼具农区、牧区特征，优质饲草料资源丰富。在这些肉牛养殖优势地区，既有幼犊繁育、自繁自育、专业育肥等传统模式，也有契合绿色高质量发展的生态种养结合、母牛肉用、奶公犊育肥等新型模式，还有大型工商资本进入开展良繁、育肥、屠宰、加工、配套服务等全产业链现代化模式（图 2-16）。

图 2-16　**规模化肉牛养殖场**

归纳起来，各地有三种典型的肉牛养殖模式：

一是架子牛培育模式。架子牛是指没有经过强制育肥，体躯不够丰满，但身架和内脏基本长成的青年牛，饲养中一般将犊牛断奶至体重达 300～400 千克的阶段称为架子牛培育阶段。从养殖角度看，架子牛处于生长发育旺盛时期，良好的架子牛培育管理能有效提高育肥能力，是决定育肥成效的关键环节。从产业角度看，发展高效架子牛培育模式能够为专业育肥奠定坚实基础，对繁荣肉牛育肥产业具有重要意义。

二是托管经营模式。托管经营模式是指肉牛所有者在不改变所有权前提下，以契约形式将部分或者全部肉牛饲养环节让渡于某一经营主体进行饲养管理，又分为集中饲养型托管经营模式和分散饲养型托管经营模式。前者一般是散户将肉牛托管给农民专业合作社、农业龙头企业等新型农业经营主体进行集中专业饲养，并交付一定费用，肉牛所有权归农户；后者一般为新型农业经营主体将肉牛提供给农户进行分散饲养，约定期限后统一回收，并支付农户相关费用或者给予约定收益，肉牛所有权归新型农业经营主体。

三是“托管＋架子牛培育”模式。该模式是在新型农业经营主体发展架子牛养殖的基础上，引入肉牛托管经营模式，是上述两种模式的有机组合。从实际效果看，新型农业经营主体与农户实现了生产上的联动、资源上的联合、利益上的联结，是一种互惠共生的合作对接模式。例如，宁夏迅驰农牧有限公司是一家专门从事奶公牛育犊及架子牛培育的企业，公司于2017年流转当地604户村民的养殖棚区，投资5 000万元，建成奶公牛育犊基地。基地存栏奶公牛3 000头，年出栏10 000头。宁夏迅驰农牧有限公司既自行培育架子牛，又向农户提供托养、代养以及牛犊贩卖等服务（图2-17），带动当地100多户农户从事肉牛养殖，带动农户合计年增收120万元以上，安排村民务工，年支出工资近100万元。

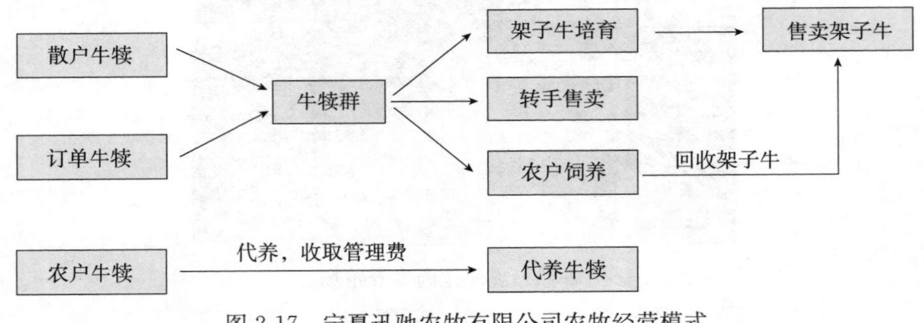


图2-17　宁夏迅驰农牧有限公司农牧经营模式

在肉牛培育方面，“托管＋架子牛培育”模式具有独特优势，具体体现在以下几方面：

一是关键集成技术有保障。架子牛是专业育肥场的主要育肥对象，稳定架子牛供应是保障肉牛育肥行业发展的关键。现阶段，国内架子牛供应多以养牛户分散繁殖和饲养为主，规模化架子牛培育场还比较少见。散户饲养存在以下缺点：饲养方式、疾病防控、管理技术缺少统一规范，导致市场上的架子牛质量参差不齐，病、弱、小牛直接影响到后期的育肥效果。规模化养殖企业一般拥有完善的饲养管理体系，采用一体化标准养殖技术，能够较好地保障出栏架子牛的规格和品质。从集中饲养型托管经营模式看，农户的肉牛可以直接并入企业牛群，采用企业标准化养殖技术，降低生产风险，保障架子牛出栏质量；从分散饲养型托管经营模式看，双方签订养殖合同，企业组织开展专业的养殖技术培训，提供必要、及时的指导服务，农户按标准养殖，企业依照合同回收，实现了养殖技术的规范化推广，充分利用了农户养殖的灵活性，能向市场提供更多、更好的架子牛。

二是发展空间广。我国农牧交错区北连牧区、南接农区，是牧区向农区的过渡区，生态环境承载力相对有限。近几年逐步呈现的牧繁农育和北牛南运趋势日益受到各方关注和重视。有关分析认为，发挥牧区、农牧交错区优质牧草资源相对丰富的优势发展肉牛繁育，在秸秆等粗草料资源丰富的广大农区发展肉牛育肥，具有经济的合理性、生态的友好性和产业的可持续性。架子牛是区域之间大规模调动的基本对象。架子牛培育在农牧交错区具有极为广阔的发展前景，是牧区牛犊集中外运和农区专业育肥架子牛的保障供给，是牧繁农育的重要中间环节。

三是经济效益好。架子牛培育与托管结合能够整合农户和新型农业经营主体的资源，显著提高双方的经济效益。对于新型农业经营主体而言，采用集中饲养型托管经营模式可以充分利用其厂房圈舍，降低固定资产闲置率，获得托管费用（或利益分红）；采用分散饲养型托管经营模式能够在标准化养殖基础上节约人工支出、充分发挥农户精细化养殖优势。对于农户而言，采用集中饲养型托管经营模式可以利用企业的标准养殖技术、设施设备和统一的疫病防控服务，降低肉牛患病、死亡等发生概率，同时可以充分利用大量的机动时间，按照家庭效用最大化原则从事其他工作，提高家庭总收入；采用分散饲养型托管经营模式可以利用较少的启动资金进入肉牛养殖行业，并且获得专业的养殖服务。

四是社会效益好。通过集中饲养型托管经营模式，新型农业经营主体扩大了牛群规模，降低了圈舍闲置率，创造了更多就业岗位，可以带动农民就业，使农民增加工资性收入；通过分散饲养型托管经营模式，新型农业经营主体开展专业化养殖技术培训，提高了肉牛标准化养殖覆盖率、农户生产效率，提升了架子牛出栏体况，推动架子牛培育体系快速发展。

## 小农场大作为，打造有机僵蚕生产基地
## ——西充县宝塔家庭农场典型做法

**缘起：**

西充县宝塔家庭农场位于四川省南充市西充县槐树镇，是四川省省级示范家庭农场，主要从事僵蚕工厂化养殖。农场主周志毅大学毕业后，当过乡干部、搞过建筑、在沿海城市打过工，但他一直情系乡土。周志毅的家乡是蚕桑之乡，蚕茧收入是乡亲们的主要经济来源。蚕桑产业曾经一度不景气，蚕茧价格下滑，周志毅的家乡几乎无人愿意再栽桑养蚕。怀着重振家乡蚕桑产业、带领乡亲们致富的梦想，周志毅毅然决定回乡创业。

**做法与成效：**

**1. 返乡创业，建设僵蚕生产基地** 2011年，周志毅流转300余亩荒地，栽桑养蚕。最初，由于技术和劳动力缺乏等，周志毅的养蚕事业遭到重创，亏了几十万元。但周志毅不改初衷，顶着各方压力，四处求情借钱，执着地从事蚕桑产业。在一次学习中他偶然听老师说养殖僵蚕是一条好路子。僵蚕是家蚕幼虫在吐丝前因感染白僵菌而发病致死的干涸硬化虫体，可作为药材。僵蚕市场需求旺盛，但产量极其有限，人工养殖僵蚕技术在国内属于技术空白。于是从2014年开始，周志毅带着创业团队先后到广西、云南、浙江等省份以及四川凉山、绵阳、广元等地，了解行情、对接药商、探求僵蚕养殖技术。他还到西南大学、四川农业大学、西华师范大学等院校学习请教。经过不懈努力，终于攻克了白僵菌种选育和僵蚕人工养殖技术难题，填补了国内技术空白。周志毅大力发展僵蚕，形成小蚕共育、成蚕养殖、僵蚕加工、订单销售一条龙产业链，开创了蚕桑生产新业态。2015年，周志毅在当地建设有机僵蚕生产基地（图2-18）。

**2. 潜心研究发明专利，推进蚕桑产业发展** 为了推进僵蚕养殖产业化发展，周志毅带着团队研制了自动控温、控湿新型蚕房和自动化升降省力蚕台，获得了两项实用新型专利；与科研院所合作，成功探索出菌株靶向培育和窗口期菌株接种等全套僵蚕工厂化生产技术，申报了发明专利。在周志毅带动下，西充县大力推进蚕桑产业发展。

**3. 保姆式帮扶，助力贫困村脱贫奔小康** 周志毅主动参与脱贫帮扶工作，他曾在贫困村李家山村建立助民脱贫奔小康帮扶点，开展保姆式帮扶。他帮助李家山村改造老桑园、新建密植桑园共计250亩。他对帮扶农民实

图 2-18　有机僵蚕生产基地

行“四包”，即包技术培训、包小蚕共育、包僵蚕菌苗接种、包产品回收。在他的助力下，李家山村成功脱贫（图 2-19）。

图 2-19　带领村民共同富裕

**4. 立足长远，建立蚕桑科普基地和大学生创业基地**　西充县宝塔家庭农场坚持面向未来、科技支撑的发展理念，走技术创新和推广相结合的路子。2017 年，农场主动与四川农业大学、西华师范大学合作，成为大学生创业实践基地。2018 年，农场与当地市、县农业部门合作，成为高素质农民培训实训基地；农场与科研院所合作，成为僵蚕研究定点基地；与西充县教科体局合作，成为科普基地。农场着力培养年轻人，吸纳大学生到农场创业，并用“同学带同学”方式，帮助一批大学生到农场进行创业实践。同时，周志毅和农场员工积极参加农业经理人、青年农场主等培训，不断更新知识、提升能力。

**5. 建培训驿站，引导农民自助式学习**　西充县宝塔家庭农场建设农技培训驿站，作为基层农技人员和高素质农民培训基地。建设农民自助式学习教室，配有多媒体教学设备，订阅农业产业发展、经营管理、营销、电子商务、农产品保鲜和加工等方面的20多种专业杂志，供农民借阅学习使用。

在西充县宝塔家庭农场带动下，当地建设优质桑园2 000余亩。僵蚕养殖成为当地的重要产业，每年消化周边乡村桑叶300吨以上，解决近百人的就业问题。

## 案例启示

发展经验：

（1）新型农业服务主体可依托自身拥有的技术资源，整合相关的生产资料，通过产业联合，扩大产业规模，降低养殖和销售成本，最终实现服务提供商和资源拥有者双方共赢。

（2）以点带面、以优带弱，越来越多的高素质农民通过自身拥有的养殖技术帮助周边农户提升养殖技术水平，促进当地产业发展。

特别提示：

（1）养殖服务的技术要求较高、专业性较强，社会化服务主体要不断加强养殖技术学习、提高服务能力，从而更好地满足服务需求。

（2）养殖服务提供者一定要根据自身条件控制好规模，设立好盈亏平衡点。

## 头脑风暴

1. 新型农业经营主体和服务主体需要整合哪些资源，才能开展养殖技术服务？

2. 你所在的区域有哪些科研院所具有提供养殖技术服务的能力？

## 能量加油站

《农业农村部办公厅关于印发〈农业生产托管服务合同示范文本〉的通知》

# 二、农机服务型社会化组织

改革开放以来，我国农机户和农机服务组织迅速发展，农机社会化服务能力持续提升，服务方式不断创新，服务效益进一步提高，探索了一条中国特色农业机械化发展道路。农机服务型社会化组织一般由行业协会牵头成立，以家庭农场、农民专业合作社、农业龙头企业为主体，以农业科技公司为支撑，服务县域内种植户。

## （一）生产过程服务

生产过程服务，就是围绕农业生产提供产前、产中、产后系列农机服务。

### 案例分享

**超市也能买农机服务**

**——广汉市惠民农机作业专业合作社典型做法**

缘起：

广汉市惠民农机作业专业合作社成立于2009年3月，是国家级农民专业合作社示范社，现有成员152名、农机具210台套，主要从事粮食生产社会化服务。

**做法与成效：**

广汉市惠民农机作业专业合作社自身经营的2 700亩粮食生产基地全部实行全程机械化作业。合作社的亲身示范，让当地小农户看到社会化服务能推动农业生产适度规模化、集约化、标准化，既高效便捷，又促进增收。许多小农户纷纷要求加入合作社。合作社顺势而为，大范围推广针对周边小农户的生产全程托管或单环节托管服务。2019年，合作社签订完成全程或单环节农机作业面积近7万亩，引领带动小农户融入全程机械化生产。

广汉市惠民农机作业专业合作社从单一的机耕、机播、机收服务向育苗、插秧、施肥、机收、烘干等领域拓展，提供一站式种粮服务，建立农机服务超市，收费低于市场平均价格10%以上。

耕地机、插秧机、无人机、收割机……走进广汉市惠民农机作业专业合作社的农机陈列大厅和大院，俨然进入了一个农机超市（图2-20、图2-21）。

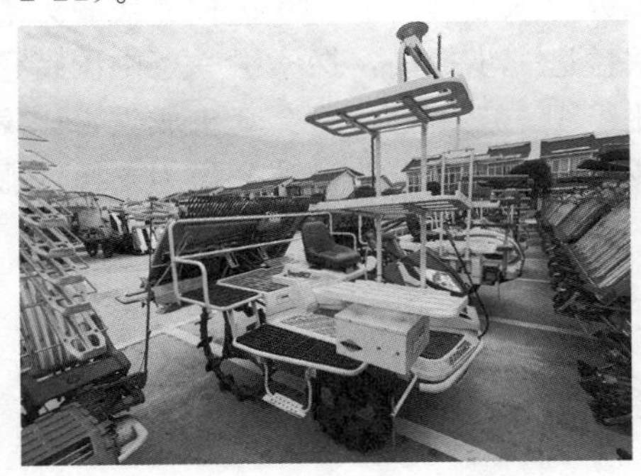

图2-20　自动导航无人驾驶插秧机

图2-21　陈列大院里部分先进农机具

2020年，广汉市惠民农机作业专业合作社的农机作业面积达到10万亩，服务农户7 100余户，实现收入500万元，户均增收超3 000元。

## 案例启示

**发展经验：**

（1）农业生产过程服务社会化组织主要依托自身具有的专业背景和生产

资源，为农业生产提供产前、产中、产后系列服务，以货币的形式获利。通过提供全程服务，社会化组织获得收益，帮助农户减少一次性固定资产投入、解决用工问题、减轻管理环节的工作量。

（2）农机服务型社会化组织要具备良好的资源整合能力，凭借高质量的服务，赢得农户的认可，实现自身更好更快发展。

特别提示：

（1）把握好服务对象的基础条件，按照一户一策的原则制订服务方案，是提高服务收益的重要途径。

（2）农机服务型社会化组织切忌盲目扩大服务范围，一定要以自己掌握的生产资源为基础，以提供优质服务为保障，联合相关企业共同做好农业生产服务。

## 头脑风暴

1. 你所在的区域是否有农机服务型社会化组织，都提供哪些服务？
2. 立足自身区域，你是否有成立农机服务型社会化组织的可能性？

## 能量加油站

《四川省“全程机械化+综合农事”服务中心发展指引（试行）》

### （二）植保服务

植保专业化服务组织是开展植保社会化、专业化服务的主体，服务组织发展状况的优劣直接影响到专业化统防统治水平及农药使用量零增长行动。无人机植保作为植保服务的一种形式，近年来得到大力发展。2020 年全国累计补贴购置农用植保无人机 1.3 万架，支持安装农业用北斗终端近 2.3 万台套，农机装备结构进一步优化。

## 案例分享

### 无人机飞防忙
### ——四川飞防农业科技有限公司典型做法

**缘起：**

2015年2月，农业部印发《到2020年农药使用量零增长行动方案》，提出淘汰传统喷洒工具，推广新型高效植保机械，包括固定翼飞机、直升机、植保无人机等现代植保机械。植保无人机作为农业航空应用的重要组成部分，具有飞行速度快、作业效率高、防控效果好、污染程度低及突击能力强等特点，且不受农作物高度、长势的限制，尤其是在人工或传统机械无法进行植保作业的区域，作业优势突显。

在国家政策的扶持下、在农业发展方式转型升级的推动下，无人机植保服务迎来了重大发展机遇。四川飞防农业科技有限公司抢抓发展机遇，融智慧农用无人机研发、生产、销售和农业服务于一体，实现了快速发展。

**做法与成效：**

四川飞防农业科技有限公司自2018年成立之初，即围绕乡村振兴战略实施，以科技兴农、推进农业现代化进程为发展目标，提升服务能力、农业科技水平，扩大生产经营规模。

因为无人机作业是特种产业，公司特地申请并取得了“民用无人驾驶航空器经营许可证”，并通过了无人机综合监管云系统认证。

此外，作为农机服务型农业企业，四川飞防农业科技有限公司结合自身业务，积极与中国民航飞行学院、四川航天职业技术学院以及四川省农业科学院作物研究所、土壤肥料研究所开展合作，将智能农用无人机与现代农业生产相融合，专门针对西南地区特殊气候、地形与农作物生长特点，进行了有针对性的本土化研发，自行研发的3WWDZ-10A、3WWDZ-16A植保无人机已通过国家植保机械质量监督检验中心的检测。

四川飞防农业科技有限公司还特别注重针对农业生产需要，升级现有设备。例如，对喷洒系统进行技术改进，配合旋翼形成喷射流回路，使作物受药更全面，从而使喷洒作业更加完善、精准、实用和高效。该技术已获得2项实用新型专利。又如，四川飞防农业科技有限公司针对水稻播种特点，研发出水稻条（穴）直播无人机及配套技术，该技术已申请发明专利6项、实用新型专利7项。

四川飞防农业科技有限公司的创新性成果，得到行业主管部门的认可。公司还参与了《遥控飞行播种机 质量评价技术规范》（NY/T 3881—2021）的起草工作。

目前，四川飞防农业科技有限公司整合组建了3支智能农用无人机服务团队、1支机插秧服务团队，拥有技术服务人员以及专职无人机操控员60余人，配有智能农用无人机50余台、插秧机20余台，为省内外种植户提供农业社会化服务，取得了良好的社会效益和经济效益（图2-22、图2-23）。

图2-22 现场飞防一

图 2-23　现场飞防二

## 案例启示

发展经验：

（1）植保服务是农业生产服务的重要组成部分。发展植保社会化服务是推进农业产业化的主要举措，是提高植保技术到位率的有效途径。

（2）农业植保无人机不受地理因素制约，能顺利高效完成作业任务；作业效果好、安全性高；自动化程度高，作业机组人员相对较少，劳动强度低。无人机植保服务是农业社会化服务的一种新业态，具有广阔的发展前景。

特别提示：

（1）服务一定要有针对性，要根据市场需求和当地产业特色来确定农机服务方式。

（2）采用无人机开展植保服务要注意操作安全。作业前一定要认真观察作业环境，作业时不能麻痹大意，附近如果有高压线一定要重新规划航线，要保持安全距离。

## 头脑风暴

1. 你所在的区域是否有专门的无人机植保服务社会化组织？如果有，这类组织都提供哪些服务？

2. 种植业的植保工作和养殖业的动保工作都是专业性极强的农业技术工作，如何开展规范化的植保和动保工作，在提高效率的同时，实现动植物的健康生长，满足消费者对农产品质量安全的需求？

## 能量加油站

《农业农村部办公厅　财政部办公厅关于进一步做好农业生产社会化服务工作的通知》

线上课堂2

# 单元二　农产品现代流通体系

## 一、农产品电子商务

随着互联网技术的飞速发展，农产品电子商务改变农产品交易方式，促进农业经济发展，有效推动农业产业化的步伐。下面介绍农产品电子商务的五种模式及农产品网上销售的七大营销方式。

**1. 农产品电子商务五种模式** 农产品电子商务是指在互联网开放的网络环境下，买卖双方基于浏览器/服务器的应用方式进行农产品的商贸活动，是一种新型的商业模式。

国内传统农产品流通过程（从农产品产出到消费），通常要经历农产品经纪人、批发商、零售终端等多个中间环节，存在信息流通不畅、流通成本过高等问题。农产品电子商务模式很好地弥补了传统农产品流通方式的不足，将农产品的流通渠道变成网络状，进而衍生出以下五种模式：

（1）C2B（Customer to Business，消费者到商家）/C2F（Customer to Factory，消费者到工厂）模式，统称消费者定制模式。这种模式是农户根据会员的订单生产农产品，然后通过家庭宅配的方式把产品配送给会员。

这种模式的运作流程分为四步：

第一步，农户要形成规模化种植或养殖；

第二步，农户要通过网络平台发布产品的供应信息，招募会员；

第三步，会员通过网上的会员系统提前预订今后需要的产品；

第四步，产品生产出来后，农户按照预定情况配送产品。

盈利方式：农户收取会员费，会员以年卡、季卡或月卡的形式交纳会员费。

优势：进行定制化生产，经营风险小。

劣势：受场地和非标准化生产的影响，市场发展空间有限。

（2）B2C（Business to Customer，商家到消费者）模式。这种模式是经纪人、批发商、零售商通过网上平台把农产品卖给消费者，或者专业的垂直电子商务平台直接采购农产品，然后卖给消费者。

这种模式是当前农产品电子商务的主流模式，又可以细分为两种模式：一种是平台型 B2C 模式，以天猫、京东、淘宝等电商平台为代表（图 2-24、图 2-25）；另一种是垂直型 B2C 模式（即专注于售卖农产品的电商模式），以我买网、顺丰优选、本来生活等电商平台为代表的。

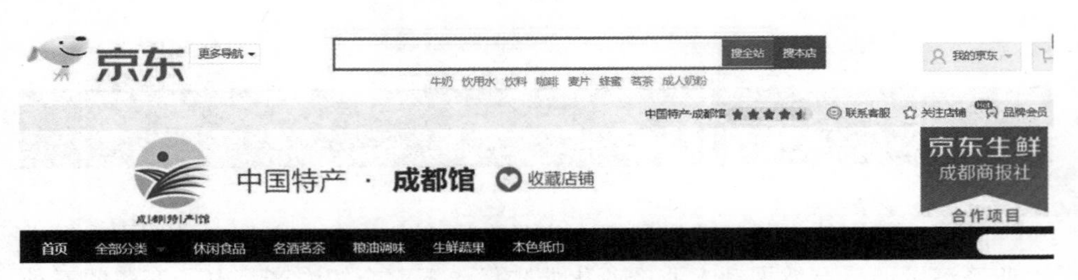


图 2-24 京东平台上的“中国特产·成都馆”

图 2-25 京东平台上的“中国特产·四川助农馆”

盈利方式：平台获得产品销售利润、商家入驻费用等。

优势：平台充当中介角色，没有压货风险。

劣势：对平台的流量、供应链要求高。

（3）B2B（Business to Business，商家到商家）模式。这种模式是商家到农户或一级批发市场集中采购农产品，然后分发配送给中小农产品经销商。这种模式为中小农产品批发商或零售商提供了便利，为其节省了采购和运输成本。

盈利方式：商家获得产品采购批发差价利润、服务费用。

优势：商家没有压货风险，商家与上下游对接，发展空间大。

劣势：对平台的流量、供应链、信息服务要求高。

（4）F2C（Factory to Customer，工厂到消费者）模式，即农场直供模式。这种模式是农户通过网上平台将农产品直接卖给消费者。

盈利方式：农户获得产品销售利润。

优势：可以快速赢得消费者的信任。

劣势：受场地和非标准化生产的影响，市场空间有限。

（5）O2O（Online to Offline，线上到线下）模式，也就是线上线下相融合模式，即消费者线上买单、线下自提。

盈利方式：农户和商家获得产品销售利润。

优势：以社区为中心，物流配送便利快捷。

劣势：地面推广所需成本较高。

以上五种农产品电子商务模式各有优劣势，可根据实际情况选择适合的模式。

**2. 农产品网上销售七大营销方式**

（1）农产品＋可视农业。可视农业主要是指依靠互联网、物联网、云计算、雷达技术及现代视频技术将农作物或牲畜生长过程的模式、手段和方法呈现在公众面前，让消费者放心购买优质农产品的一种模式。

可视农业的一大功能，就是可带来可靠的期货订单效应。众多的可视农业消费者或投资者，利用网络平台进行远程观察并下订单，在任何地方都可以通过可视平台观察到自己订的蔬菜、水果和畜产品的生产、管理过程。

近年来，可视农业平台通过改造升级传统农业、派发生产订单等形式活跃农村市场，不断向可视农业生产商派发订单，有效解决传统农业的市场、渠道、资金等问题。

（2）农产品＋微商。这种方式通过微信朋友圈发布农产品信息，包括农产品的种植、养殖信息等。商家把农产品的种养情况拍下来发到微信朋友圈里，让用户第一时间了解农产品的情况。

（3）农产品＋直播。在互联网、电商迅猛发展的态势下，直播行业风生水起，很多商品在直播间一上线就“秒光”，庞大的成交额让人们领略到直播的强大营销力。新冠肺炎疫情期间，居家成为日常场景之一，直播全面走进大众生活，成为跨越私域渠道与公域渠道的重要内容形式，形成了带动消费的暴发式增长的新兴市场。截至2020年3月，全国电商直播用户规模为2.65亿人，占网民整体的29.3％。

长期以来，丰收却不增收一直是困扰农民的一大难题。随着信息化时代的到来，这一难题也逐步有了解决办法。在直播带货的助力下，农产品的销售渠道和发展空间得到极大拓展，许多优质农产品走出大山大河，进入了寻常百姓家。如今，手机成为“新农具”，与手机及互联网相关联的电商数据成为“新农资”，直播成为“新农活”，在促进农产品销售方面发挥了重要作用。

（4）农产品＋众筹。农产品众筹就是在农产品进行种植前，通过众筹的模式为农产品募集种植资金并进行产品预售分销。通过众筹平台来卖农产品，可以解决农产品滞销及农产品传播等问题，让农户有更多精力专注于种植与产品改良，有助于优质农产品生产。

（5）农产品＋社群。社群就是有相同标签、相同兴趣、相同爱好、相同需求属性的人自发或者有组织地成立的群体组织。

农产品＋社群，就是让生产者与消费者联系起来，让消费者为农产品的种植生产提供资金和智慧，并参与农产品种植的过程，在互动中生产出优质的农产品。

（6）农产品＋直销店。直销店解决的是产地到餐桌的问题，同时减少了中间渠道，降低了产品单价，提高用户参与度。

农产品＋直销店模式前期需要投入的成本高，还需要专门的连锁经营管理人才，一般由政府或者农业龙头企业牵头采取这一模式。

（7）农产品＋认养。这种模式一般由用户合伙认养农产品（植物、动物），用户根据认购的数量或部位，在享受认养乐趣的同时，获得优质农产品。

**能量加油站**

## 农产品直播注意事项

要做好农产品电子商务直播，需要注意以下七个方面的问题。

### （一）明确主播的类型

农产品电子商务直播的主播主要有三种类型：新农人主播、明星达人主播、政府官员主播。

**1. 新农人主播** 新农人主播是农产品电子商务直播的主力军。新农人凭借真实和质朴的风格，通过对农产品生产全过程的介绍，让消费者了解生产过程，放心地购买农产品。根据2020年《淘宝新农人主播报告》显示，截至2020年9月，淘宝直播上的新农人主播突破10万人，覆盖全国2 000多个区县。

**2. 明星达人主播** 如今，越来越多的明星主播入驻到各大平台，牵手专业运营团队，背靠成熟供应链，进行直播带货。以薇娅为例，2018年5月薇娅与安徽砀山县合作，仅仅5分钟就将砀山县的特色梨膏一售而空，一举助推砀山梨膏成为网红单品。

**3. 政府官员主播** 许多政府官员化身网红，凭借公信力和号召力，为农副产品代言，成为老百姓眼中的“带货员”。2020年5月20日上午，四川省雅安名山、广元剑阁、资阳安岳等地的市、县领导走进网络直播间，化身主播，向网友推介当地特色农产品。前来直播间观看的网友达321万人，农产品带货1小时，销售产品近万件。

### （二）选择合适的平台

随着直播行业的快速发展，各行业的热门平台都进军直播这个领域。目前直播平台以淘宝、抖音、快手为主，京东、拼多多、阿里巴巴、聚划算等电商平台也开始涉及直播带货业务。农产品电子商务直播，要根据农产品的特点及消费群体，选择合适的直播平台。

针对农产品电子商务直播，许多平台出台了助农项目、惠农政策。例如，2020年2月8日—2月20日，阿里巴巴、聚划算等电子商务平台以各种运作形式和对接途径，助农助商，销售订单突破100万单，爱心助农项目订单超过5 300吨。2020年，京东推出“京源助农”项目，扶持滞销农产品，并对商家和热门主播进行现金补贴和流量扶持。

### （三）制订合理的方案

一场直播就是一次营销活动，从前期的策划、宣传到后期的开播、销售，每一个环节都要有清晰的直播营销方案作指导，哪一个环节出现问题，都会影响营销效果。一场完整的直播涉及明确直播目标、确定人员分工、设计宣传规划、准备直播硬件、执行直播活动、复盘总结经验等流程，在直播开始之前，要对直播的整体流程进行规划和设计，以保障直播顺利进行。除了对整体流程要提前制订好方案外，对直播场地、现场配乐、主播形象、主播话术等细节也不能忽视，要精心策划，提升观众观看直播的愉悦感、获得感，提高观众进场率和留存率。

### （四）把握合适的时机

农产品直播前，要对接好供应链前端，预测好农产品的成熟时间和成熟数量，结合目标用户数据和预期销量，选择最佳的直播时间，确保农产品从采摘、包装、发货到送达消费者手中时，新鲜、自然成熟。如果把握不好直播的时机，出现提前采摘或延迟采摘的情况，导致农产品口感不佳，会影响消费者满意度，进而影响农产品的销售。

### （五）用好大数据管理

互联网时代就是大数据时代，要做好农产品直播营销，需要树立大数据思维，利用互联网大数据，做好市场分析。有了大数据的加持，可以精准锁定用户，了解用户需求，明确直播面向什么群体、突出什么卖点、采用什么沟通模式、选择什么话题、表达什么内容。随着我国农业经济的发展，农产品日趋丰富、多元，不同的农产品有不同的目标市场，利用大数据分析目标市场、制订营销策略，显得愈发重要。

### （六）把好产品质量关

农产品直播带货是一种新兴业态，要想长久发展下去，需要加强品质和质量监管，把好产品质量关。从生产环节上讲，要注重农产品的质量安全，规范农产品的生产标准，确保货源的稳定性和安全性；从选货环节上讲，要慎选生产主体、做好品质检测。区域特色农产品因为有政府部门背书，产品质量有保证，消费者信任度、认可度高，是农产品直播带货的良好选择。

### （七）提供好售后服务

售后服务是农产品直播营销的一个重要环节，不能掉以轻心。只有把售后服务做好了，才能提升消费者的回购率和满意度。具体来说，一要做好农产品的打包、发货，降低不必要的损耗；二要按照承诺的时间准时发货，如果承诺24小时或者48小时内发货，那就一定要将物流时间卡在承诺的范围内，且一定要保证农产品送到消费者手上时，包装是完好无缺的；三要第一时间回应消费者反馈的信息，收到差评时摆正心态，诚恳道歉，及时安排退换货。

## 案例分享

### 资中新发地电商直播产业孵化基地

**缘起：**

北京市新发地农产品股份有限公司（以下简称新发地公司）管理的新发地农产品批发市场是一家以蔬菜、果品、肉类批发为主的国家级农产品批发市场。为拓展农产品来源，新发地公司特在“血橙之乡”四川省内江市资中县建设了建筑面积32万米$^2$的资中新发地大型农产品批发市场和冷链物流园，并配套建设了资中新发地电商直播产业孵化基地，着力打造川渝地区乃至全国规模最大、配套最齐全、以特色农副产品为带货主产品的全产业链大型直播电商基地（图2-26）。

图2-26　电商孵化基地

**做法与成效：**

基地集优选产品中心、直播电商中心、配套服务中心三大中心于一体。

**1. 优选产品中心**　以优选“品质川货”特色农副产品为主，包括三大产品展示区——“甜城味”暨川渝柑橘类产品展示区、川渝名特优农副产品展示区、三州（甘孜州、阿坝州和凉山州）扶贫产品展示区，通过直播带货将优质农产品销往全国（图 2-27）。

图 2-27　产品展示大厅

**2. 直播电商中心**　集优质主播培养、直播电商孵化、电商培训、短视频内容创作、电商全产业链运营等功能于一体（图 2-28、图 2-29）。

图 2-28　直播电商中心外景

图 2-29　向商户和种植户提供免费培训

**3. 配套服务中心**　配有 6 万米$^3$大体量冷库，建有高标准仓储物流体系、检验检疫体系及分拣中心，并提供金融服务。

基地自 2021 年 3 月试运营以来，通过短视频＋直播带货为资中周边农副产品线上营销作出贡献。基地签约培养的本土零基础新人主播首月创造出直播带货数万斤农产品的好成绩（图 2-30、图 2-31）。

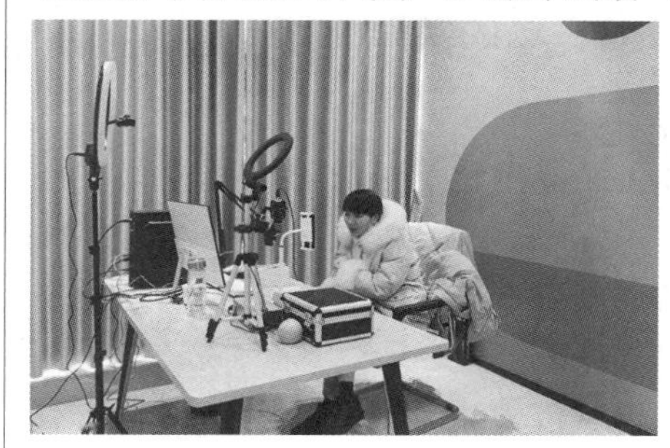

图 2-30　主播直播带货场景一

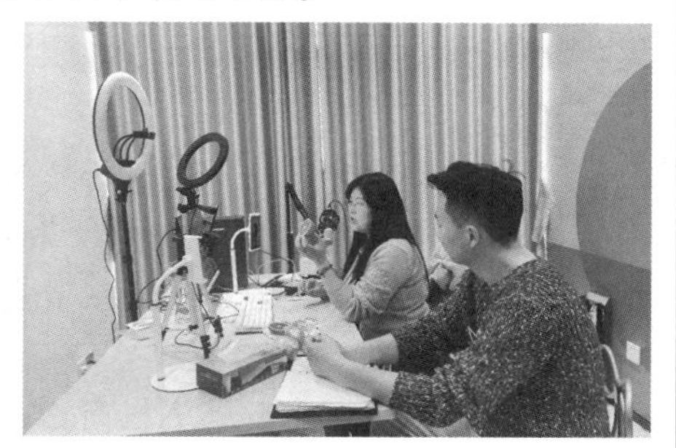

图 2-31　主播直播带货场景二

## 案例启示

**发展经验：**

在维护好线下传统批发零售渠道的基础上，通过建设优质特色农产品直营店、体验区等，用网络营销带来的知名度促进线下销售。

**特别提示：**

（1）发展农产品电子商务这一业态，售后服务一定要跟上。

（2）随着网络技术的发展和销售模式的改变，要不断提升自身销售理念，尝试不断学习和汲取网络销售知识和农产品生产加工新技术，形成农产品生产、加工、销售产业链。

## 二、全产业链溯源体系

全产业链溯源体系以物联网等信息技术为支撑，能够实现农产品全程可追溯，从而保障农产品质量安全。

### 案例分享

**可追溯系统呵护食用菌茁壮生长**
**——普格县东方菌业家庭农场的实践之路**

**缘起：**

普格县东方菌业家庭农场的负责人何显芬，出生于普格县普基镇文倡村六组。2014 年，有感于家乡的贫穷、乡亲们知识的贫乏、农业生产技术的落后，何显芬决定回乡创业，用自己的所学把家乡建设得更美好。

**做法与成效：**

普格县地处云贵高原之横断山脉，四川省西南部、凉山州东南部，普格县的冬季仅为一个月，夏季只有两个月，春秋两季长达九个月，气候环境非常适合食用菌生长。何显芬创办家庭农场，从事食用菌种植（图 2-32）。

图 2-32　农场全貌

通过三年的艰苦创业，何显芬及其团队摸清了菌种繁育、菌棒生产等食用菌生产技术，并借助西昌学院的专家队伍力量，将废弃葡萄枝与多种农作物秸秆相混合，通过生物发酵技术，生产食用菌菌棒（图 2-33）。同时，在当地农业农村局的支持下，何显芬到四川省农业科学院参加了为期 2 年的现代青年农场主培训。

图 2-33 农场种植的食用菌

通过在生产实践中的不断摸索以及与省内食用菌专家的交流，何显芬意识到，要想进一步降低成本、提高产品质量，只有依靠科技。

通过引进和创新，普格县东方菌业家庭农场安装了食用菌生产物联网设施设备，安装了小型气象站进行气象数据采集，通过与物联网系统的结合，实现对每个独立的食用菌种植大棚的定时控制、循环控制、温湿度节点智能控制，以及大棚之间的联动控制等。在整个食用菌生产过程中，所有的环境和控制数据都记录在基地物联网监控系统中，并且所有的数据接入国家农产品质量安全追溯管理信息平台，真正实现了一物一码，让消费者买得明白、买得放心、吃得开心。农场还建有专业的烘干、包装流水线，以及产品检测实验室、全流程溯源系统等确保干制食用菌质量安全的设施和系统（图 2-34 至图 2-37）。

通过全流程溯源系统，农场可以向消费者展示食用菌生产的全过程和流通信息，还可以了解产品的流通区域，针对消费密集区域进行有目的的二次营销，对消费薄弱区域进行有针对性的市场开发，达到效益最大化（图 2-38）。

如今，农场除了自身发展外，还带动周边的合作社、农户共同发展，实现年增收 35 万元以上。

图 2-34　食用菌生产气象站设备

图 2-35　食用菌生产视频监控设备

图 2-36　物联网设备控制后台一

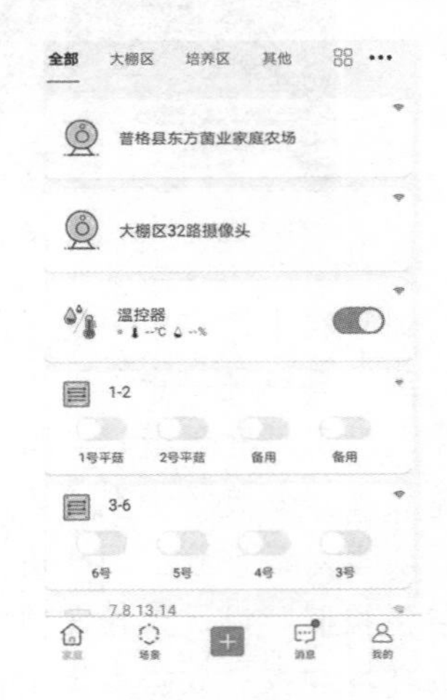


图 2-37　物联网设备控制后台二

图 2-38　农场食用菌产品可追溯二维码

## 案例启示

发展经验：

（1）依托从事农业科技研发推广的科研院所的专业力量，是快速提升自身团队技术实力的有益法宝。

（2）普格县东方菌业家庭农场通过由物联网监测和控制系统组成的大棚环境控制系统，结合国家农产品质量安全追溯管理信息平台，实现了食用菌生产全产业链可追溯。

特别提示：

（1）农业全产业链可追溯系统投入较高，建设了农业全产业链可追溯系统的新型农业经营主体，主要生产售价较高的农产品，面向特定的消费群体，以实现稳定的收益。

（2）农业全产业链可追溯系统的建设，本质上是通过规范农产品生产过程，提高农产品质量。因此新型农业经营主体需要提高农产品质量，才能真正通过可追溯系统提高自身农产品的售价。

（3）国家农产品质量安全追溯管理信息平台是免费的公益性可追溯平台，新型农业经营主体可充分利用这一平台，实现自身农产品的质量安全可追溯。

## 头脑风暴

1. 网络直播看似容易，但要真正做好，还需要掌握相关技巧。多学习、多观察，认真思考自身所在的农业经济组织是否适合做网络直播。

2. 传统电子商务和网络直播各有优劣，要结合自身情况，思考如何通过农产品现代流通体系，实现农产品的推广与销售。

3. 若自身所在的新型农业经营主体需要建设可追溯系统，需要追溯哪些关键信息，才能充分展示农产品安全生产过程？

## 能量加油站

国家农产品质量安全追溯管理信息平台

线上课堂3

# 单元三　休闲观光农业

由于城市生活、工作压力大，名山大川、寺庙古刹等名胜古迹旅游承载能力有限，很多市民希望远离市区喧嚣到乡村休闲旅游。休闲观光农业以新颖的产业形态和有效的运行方式，充分发掘农业的文化传承、生态涵养等多种功能，以及乡村绿水青山、清新空气等多重价值，为市民打造“离城不近不远、房子不高不低、饭菜不咸不淡、文化不土不洋、日子不紧不慢”的高品质生活，给市民提供“山清水秀人也秀、鸟语花香饭也香、养眼洗肺伸懒腰”的好去处，日益展现出产业融合、资源整合和功能聚合的独特作用和迷人魅力。

## 一、回归自然休闲体验模式

发展回归自然休闲体验模式的新型农业经营主体，是乡村休闲旅游的主力军。这类从业主体充分发挥区位、交通、人文等资源禀赋，以规划为引领，引导能人返乡、资金进乡、市民下乡，大力建设田园综合体，稳步发展都市休闲农业。

### 案例分享

**田园逐梦之旅**

**——崇州缘道家庭农场典型做法**

**缘起：**

崇州缘道家庭农场位于四川省崇州市重庆路娘娘岗，坐拥400亩山林田园，一处山明水秀之地。

崇州缘道家庭农场成立于2012年，是一个集生态种养、餐饮休闲、房车露营、田园摄影、会议拓展、亲子教育、旅游度假等功能于一体的乡村田园综合体。

**做法与成效：**

**1. 生态种养**　崇州缘道家庭农场因地制宜，规划了几十亩地用于种植生态稻米和冬油菜，围了一方池塘用于散养田鸭，形成了具有一定体量的自产农产品（图2-39）。

图2-39　生态种养

**2. 餐饮休闲**

（1）特色美食。崇州缘道家庭农场以农场自产农产品为食材，制成了红烧土鸡、酸汤土鸭、跑山兔、麻羊等特色菜品，再搭配川西民众最爱的农家酥肉和农场自种的各种时令蔬菜，为前来游玩的宾客提供美味健康的田园大餐（图 2-40）。

图 2-40　丰富的自产农产品

（2）草地拓展。音乐、美酒、稻香、虫鸣……崇州缘道家庭农场营造了一个浪漫的氛围，为会议、团建、婚礼等提供大面积草坪（图 2-41、图 2-42）。

（3）田园摄影。崇州缘道家庭农场景色优美、环境宜人，适合都市人发挥想象空间，拍摄田园生活风景。

**3. 山间小住**

（1）房车与草地露营。崇州缘道家庭农场有 4 辆房车，每辆房车可容纳3～5 人。农场有广阔的草坪，可容纳约 30 顶帐篷，吸引了众多游客前来露营休闲。

图 2-41 房车及露营地

图 2-42 露营活动

崇州缘道家庭农场曾获首批四川省省级示范家庭农场、四川省乡村旅游精品农家乐园、成都市示范家庭农场、成都乡村旅游最佳目的地等荣誉称号。

### 案例启示

发展经验：

（1）崇州缘道家庭农场抓住都市人渴望回归乡村、放松身心的心理，打造田园式农业综合体。

（2）崇州缘道家庭农场向宾客提供了田园风景、乡村美食，让宾客因景而身体放松，因食而身心愉悦。农场还提供了掩藏于林间的住宿小屋，可朝起闻鸟鸣、推窗见清雾。农场的整体业态囊括了观、吃、住，还为宾客提供伴手礼，营销链条完整，符合都市人追究简单、可回味的消费心理。

（3）崇州缘道家庭农场因地制宜搞好规划，用好土地资源，在400亩的区域内发展多种业态，注意将餐饮住宿的体量控制在一个可控范围内以降低空置率。这一做法体现了崇州缘道家庭农场的独具匠心之处。

（4）崇州缘道家庭农场注意营销宣传，经常在网络上发放推文，有的文章阅读点击量达3万人次，成为农场吸引游客的流量密码。

特别提示：

（1）乡村休闲旅游业作为一种新业态，受到越来越多人的关注，但需要注意避免同质化。

（2）乡村休闲旅游业的发展离不开高人气，面对新冠肺炎疫情防控常态化，从事乡村休闲旅游业的经营主体要开动脑筋，及时调整经营模式，提高用户黏性。

### 头脑风暴

1. 若只有50～100亩土地，可建设什么样的休闲农庄？

2. 美食与美景皆是吸引客流量的手段。如何用好美食与美景，突出特色，吸引回头客？

## 二、参与型农业体验模式

参与型农业体验模式开辟了农民跨界增收、跨域获利渠道。农民不仅需要生产出优质原生态的农产品，还要加工成游客可品尝、可观赏、可携带的商品和工艺品；不但卖产品，还可以卖体验和过程，多元化增加经营性收入。农民把农家庭院变成市民休闲的“农家乐园”和可住可租的旅店，实现空气变人气、叶子变票子，增加财产性收入。农民把农业产区变成居民亲近自然的景区，带动餐饮住宿、农产品加工、交通运输、建筑和文化等关联产业发展，增加工资性收入。

## 案例分享

### 玩转采摘体验，金河社区种出“金果”
### ——碧盛家庭农场典型做法

**缘起：**

碧盛家庭农场位于四川省阆中市乡村旅游示范区沙溪办事处金河社区2组，由返乡农民郑胜于2013年创办。农场有家庭成员3人，常年雇工1人（图2-43）。

图2-43　农场外观

**做法与成效：**

碧盛家庭农场流转经营土地70.4亩，发展以草莓、葡萄、火龙果、脆桃为主的水果种植，主推四季观光采摘体验。2020年，农场生产水果52.9吨，收入达到151.28万元，亩产值达到21 488.6元。通过多年艰苦努力，农场从最初的30万元总资产发展为如今的480万元固定资产规模，真正在黄泥巴地里种出了鼓腰包的“金果”。2020年，碧盛家庭农场被评为四川省省级示范家庭农场。

**1. 舍得投入，游客主动“下马观花”**　农场位于212国道阆中至苍溪段路边，凭借区位优势吸引路过的游客到农场走一走、看一看、尝一尝。

一到碧盛家庭农场，宽敞舒适的洋房、景观型的庭院和错落有致的水果大棚，让人眼前一亮。

农场承包土地后，逐步增加投入，完善基础设施建设。农场先后硬化田间步行道1 600米，修建排灌渠系3 500米，新建钢架大棚3万米$^2$，总投入达到360万元；后续又追加投资120万元，对旧房进行改造，建起480米$^2$的中式洋房，待条件成熟后经营民宿和餐饮业务。

**2. 调配产品，四季都能观光采摘** 农场在70.4亩土地上种植了四种水果，保证游客全年都有水果可采摘：种植的15亩草莓，采摘时间为每年12月至翌年5月；种植的10.4亩脆桃，采摘时间为每年5—6月；种植的33亩葡萄，采摘时间为每年7—11月；种植的12亩火龙果，采摘时间为每年7—12月。农产品全年无缝衔接，让农场天天有收入、雇工天天有事做（图2-44、图2-45）。

图2-44 葡萄

图2-45 脆桃

**3. 优化品种，满足不同口味需求** 碧盛家庭农场在发展以采摘为主的体验农业过程中，坚持以游客为中心，不断引进新品种以满足各类游客的采摘需求。在种植的15亩草莓中，引种巧克力味红颜6亩、香草味红玉2.5亩、奶油味章姬0.5亩、蓝莓味圣诞红1.5亩、香橙味香野0.5亩、荔枝味粉玉0.5亩、香桃味越秀3.5亩；在种植的33亩葡萄中，引种甜香味峰后20亩、脆爽味美人指3亩、酸甜味红提10亩；在种植的12亩火龙果中，引种果大清甜味桂红龙5亩、果小清香味红翡翠7亩。多品种、多口味的水果，让游客有了更多选择，增加了游客的采摘体验乐趣（图2-46）。

图2-46 草莓采摘一景

**4. 确保质量，让客人走了还要来** 为保证质量，农场使用的农业投入品以有机肥、

生物农药为主，并坚守休药期底线，不到安全采摘时间绝不开棚。高水平的种植管理方式，使得农场的农产品有了品质保证，也吸引了众多游客成为回头客。

**5. 不断学习** 农场主郑胜多次参加阆中市农业农村局组织的高素质农民培训、创业致富带头人培训等各类培训。郑胜表示，在自身发展的同时一定要坚持学习，让自己成为一名真正的高素质农民，用实际行动去带动身边更多的小农户发展现代农业、实现共同富裕。

## 案例启示

发展经验：

（1）现摘现吃让农产品从田间到消费者的距离变短，也加快了资金周转速度。

（2）提供高质量的多品种农产品，为客户提供更多选择，是参与型农业体验模式吸引客户的法宝。

特别提示：

（1）参与型农业体验模式要兼顾四季体验需求，合理搭配农产品。但小而全的农产品种养形式让管理难度加大，容易形成“样样有、样样不精”的局面。

（2）发展参与型农业体验模式，需要做好营销宣传，引入互联网营销手段。

## 头脑风暴

1. 从自身业态和资源禀赋出发，若开展参与型农业体验模式，你可以引入哪些项目？

2. 如果说参与型农业体验项目是“根”，游客带走的产品是“果”，那么如何打造一根纽带，让带走“果”的游客时刻想到“根”，愿意再次体验？

## 三、农事科普教育模式

农事科普教育主要围绕农业科普、农业教育与推广开展相关工作。农事科普教育模式一般以农事教育为核心，利用农业生产、生态环境、动植物、农村生活文化等资源来设计体验活动，以休闲的形式和轻松的心态来完成农业科学技术和知识的普及。

### 案例分享

#### 四川省农业科学院新都科普培训基地

**缘起：**

四川省农业科学院新都科普培训基地位于四川省成都市新都区成青快速通道旁，是集科技创新、成果示范、产业孵化、人才培训、科普观光等功能于一体的现代农业示范园。

**做法与成效：**

四川省农业科学院新都科普培训基地开展了丰富的科普活动，科普的主要内容包括：主要粮食作物的相关知识，巴蜀农耕文化，现代化设施栽培技术，新奇特农作物展示，农作物新品种、新技术展示，农业机械知识，农产品加工新技术、新产品、新工艺展示，等等。

具体的科普活动包括：实地考察科普观光园区、粮油作物园区，现场观摩加工车间、农业机械，动手体验农业种植，培训讲座，等等（图2-47、图 2-48）。

图 2-47　工作人员正在讲解空中甘薯种植技术

图 2-48 工作人员正在讲解大田作物种植技术

四川省农业科学院新都科普培训基地开展的科普活动形式多样，能满足各类对象的农业科普需求。

**1. 春秋游** 主要针对小学生、幼儿园小朋友，开展现场参观、识别常见蔬菜与花卉、参与田间播种及收获等简单的科普教育认知活动（图 2-49）。

图 2-49 参观蝴蝶标本展

**2. 夏令营** 基地利用假期与各地共青团组织及学校、社区等合作举办各类夏令营，包括农业科普夏令营、小记者夏令营、环保夏令营等。

**3. 实践课** 基地的实践课采用理论学习与劳动实践相结合的方式，以学生亲自动手参与为原则，蕴含自然、农业、生物知识，突出动手操作，做到充实有趣且贴近现实生活。实践课主要与中小学的课外实践课、涉农院校的实习实训相结合，内容包括组培实验、香精提取实验、食用菌栽培、育苗嫁接、叶脉书签制作和作物田间管理体验等（图 2-50）。

图 2-50　在田间观察植株生长情况

**4. 农业知识讲座**　基地经常有针对性地举办农业知识讲座。比如，针对小学生浅显易懂地讲解农作物从田间到餐桌的过程、水稻为什么要种在水里、小昆虫大世界等；针对农技人员讲解现代农业的发展现状和趋势，农业园区的规划、发展以及管理等。

**5. 送科技下乡**　基地通过科技扶贫、科技服务、技术培训、中试成果示范，以及新品种新技术现场会、观摩会、推介会等形式送科技下乡，为地方农技人员、农民赠送农业图书和技术手册等。

## 案例启示

发展经验：

（1）四川省农业科学院新都科普培训基地依托四川省农业科学院的农业科研、农事科普教育资源，开展形式多样的农事科普教育活动。

（2）农事科普教育让参与者在农业生产过程中直接经历物质财富的创造过程，体验从简单劳动、原始劳动向复杂劳动、创造性劳动的发展过程，学会使用工具，掌握相关技术，感受劳动创造价值，增强农产品质量意识，体会平凡劳动中的伟大。

特别提示：

（1）开展农事科普教育，要注意避免田块被破坏。

（2）作为参与型的教育体验活动，农事科普教育的安全性不容忽视，要做好预案、建立保障机制，确保参与者的安全。

## 头脑风暴

结合自身农业资源，如何设计相应的农业科普项目？

## 四、创意（节庆）农业模式

创意（节庆）农业模式是在农业生产活动中形成和开发节庆活动，是一种体验式、休闲式与消费式相结合的农业模式，常常兼具吃、玩、赏、教等多种功能。

### （一）文创农业

文创农业是继观光农业、生态农业、休闲农业后，新兴起的一种农业产业模式，是将传统农业与文化创意产业相结合，借助文创思维逻辑，将文化、科技与农业要素相融合，开发、拓展传统农业功能，提升、丰富传统农业价值的一种新兴业态。

#### 案例分享

**中国绵竹年画村**

四川省乡村旅游示范村——中国绵竹年画村地处四川省绵竹市南大门孝德镇，位于德阿公路与成青公路之间。2009 年，年画村获得四川省乡村旅游示范村称号；2011 年，被评为国家 AAAA 级旅游景区、四川省省级文化产业示范基地、国家级非物质文化遗产生产性保护基地。年画村的景区核心区域占地面积为 1 750 亩，是一处以乡村旅游、年画商品生产、加工基地建设为主的精品型乡村民间工艺文化旅游景区（图 2-51、图 2-52）。

**缘起：**

绵竹年画起源于北宋，与天津杨柳青、山东潍坊、江苏桃花坞的年画齐名，并称为中国四大年画。2002 年 2 月，绵竹年画入选首批中国非物质文化遗产项目。2006 年，绵竹市将绵竹年画列为重点支持产业并进行规划，自此绵竹年画重现生机——从事年画产业的人员从不足 5 人增至 400 余人，年产量从三四千幅增至 3 万多幅，直接或间接从事年画创作的人员

图 2-51　年画村外景一

图 2-52　年画村外景二

达 1 500 余人，带动数千户老百姓增收致富，涌现出以四汇斋、三彩画坊、南华宫、轩辕年画等为代表的一批年画作坊。

**做法与成效：**

2019 年，文化和旅游部发布《关于公示第一批拟入选全国乡村旅游重点村名录乡村名单的公告》，对第一批拟入选全国乡村旅游重点村名录乡村名单进行公示。四川省有 12 个乡村进入名单，年画村便是其中之一，也是德阳市唯一入选的乡村。

年画村努力挖掘和利用年画文化和当地的德孝文化资源，将国家级非物质文化遗产发展为产业优势，建立起年画产、供、销全产业链模式，将古老的年画元素融入现代生活，迸发出新的生命力。2018 年，年画村共有年画企业 15 家、年画作坊 20 家，年画从业人员 400 余人，年画产品年销售额达 4 000 余万元，村民人均年纯收入 18 765 元。

在年画村 19 组，有一个叫作乡遇画里的文创社区，是绵竹年画发源地和年画艺人的聚集区，有国家级、省级非遗传承人6人，年画艺人30余人。这里，既有厚重的德孝文化，又有丰富的农耕文化，更有独特的年画文化。农忙时，年画艺人在田间地头忙碌；农闲时，他们放下锄头、拿起笔头，创作出一幅幅精美的年画作品。喜庆的娃娃、娇俏的少女、慈祥的寿翁、威武的门神……掩映在绿树白墙青瓦间，可谓一步一景（图2-53）。

图2-53　年画村外景三

孝德镇抓住乡村振兴战略实施的契机，积极探索年画文化的创新路子，让“乡遇画里”这样的文创社区既能深植于泥土，也能创新于时代。

特色文化不仅能引领产业振兴，也能积极融入基层社会治理。“乡遇画里”文创社区将廉洁文化、传统文化和年画创作结合起来，让社会主义核心价值观、家风家训、村规民约等通过创意年画得到形象传播。“爱国永不褪色，高风亮节爱家”“和谐家庭人人夸，父慈子孝乐哈哈”“干本分活路，做正直好人”……独具特色的家风家训，透漏出村里的文化气质（图2-54）。

图2-54　年画村外景四

按照全域旅游发展定位和乡村振兴发展要求，孝德镇坚持政府引导、公众参与、可持续发展的建设理念，以年画、年俗、年趣为主线，统筹规划旅游布局，全力打造文旅名镇，并通过风貌提升、节点打造，进一步完善年画村旅游景区功能布局，提升基础设施配套水平，规范管理体制（图 2-55）。

图 2-55 年画村外景五

下一步，孝德镇将打造新产业新业态，继续推进优秀传统文化创造性转化、创新性发展。在乡村振兴、社会治理中积极探索和实践，让年画文化、农耕文化、廉洁文化、德治文化相得益彰。

今后，绵竹市将着力提升中国绵竹年画村、九龙山-麓棠山景区、金色清平童话小镇三个国家 AAAA 级景区品质，推动全域农文旅融合发展。预计到 2022 年，实现年接待游客 2 000 万人次，旅游总收入 200 亿元。

## 案例启示

发展经验：

（1）文创农业立足于挖掘地方传统文化的价值，提升地方传统文化的艺术价值，推动乡村旅游，走的是以文促旅的绿色发展道路。

（2）各种田园综合体是很好的农业展示载体。

特别提示：

（1）文创农业大多在本乡本土存在了一定时期，是传统民俗文化提炼与创新的产物。一些地方因自身民俗文化基础薄弱，挖掘、引入外来文创农业，结果在发展过程中出现根基不稳、人气不足的情况。因此，需慎重考虑人造文创农业项目的引进与运营。

（2）新发展的文创农业需要较大投入，才能不断获得消费者的关注。

## 头脑风暴

人气是文创农业的生命线。若要发展文创农业，应该如何宣传、如何经营，才能实现高人气和产品供不应求？

### （二）会展农业

会展农业作为现代农业的一种实现形式，近年来在我国一些地区得到了较快的发展。会展农业开发了农业的多种功能，实现了一二三产业融合，带动了地区农业产业升级和农民收入提高。

## 案例分享

### 打造“会展＋农业”合作新引擎
### ——成都农博会奏响乡村振兴主旋律

**缘起：**

2019年4月，由成都市人民政府主办的第七届成都国际都市现代农业博览会（以下简称成都农博会）在成都世纪城新国际会展中心4号馆召开。

成都农博会是成都市委、市政府推进现代都市农业发展的重要平台和重要抓手，自2013年起每年举办一届，是四川省专业性最强、影响力最广和行业关注度最高的综合性农业盛会。第七届成都农博会规模空前，来自俄罗斯、西班牙、德国、意大利、丹麦、英国、新西兰、澳大利亚、捷克等30个国家和地区的代表团，以及国内90个代表团参展。通过展览展示、论坛活动、商贸对接、宣传推广等多种渠道及形式，展示四川省现代农业发展成就，进行招商引资、品牌打造、技术转化、产品贸易等。

**做法与成效：**

第七届成都农博会期间，共签约12个农业产业项目，总签约金额达356亿元。展期中，参展观众达12万余人次，其中专业采购商达4.6万人次。展会上，成都市天府源品牌营销策划有限公司向10家市级农产品区域公用品牌认证企业进行授牌，旨在通过品牌打造、推广，全面提升成都市乃至四川省农业品牌知名度、美誉度，实现“买全川、卖全球”。其中，眉山深山老邻生态农业有限公司是眉山市首家获得授牌的企业。

眉山深山老邻生态农业有限公司是一家专门从事高端柑橘种植的高技术企业。公司基地东坡橘园位于眉山市东坡区盘鳌乡，面积达1 000余亩，种植东坡岩柑近6万株。2014年，成都市蒲江县农业专家曹志贵与成都信息工程大学魏昭荣博士等来到东坡区盘鳌乡，开垦竹林1 000余亩，全力打造高端柑橘示范园。通过三年的种植，农场的东坡岩柑可溶性固形物含量、含糖量、口感等主要指标均高出普通柑橘，得到消费者的认可。2018年，专家团队专门成立眉山深山老邻生态农业有限公司来经营管理东坡岩柑果园。眉山深山老邻生态农业有限公司与国家物联网标识管理公共服务平台合作，进行东坡岩柑质量追溯；与成都信息工程大学文斌教授合作，建立了基于气象大数据的智慧农业系统；进行生态种植，与四川省智慧农业科技协会共建生态农业示范基地；成为中国长寿促进会、四川大熊猫生态与文化建设促进会等协会的特供农产品生产基地。眉山深山老邻生态农业有限公司积极塑造"东坡岩柑"高品质形象，吸引国内外高端水果订货商前来订货（图2-56）。

图2-56 东坡岩柑

第七届成都农博会上，东坡岩柑获得"天府源"品牌认证，迈出了东坡区优质农产品品牌与成都市农产品品牌融合发展的第一步，有效推动东坡区的柑橘、蔬菜、水产品等优质农产品走出去。

## 案例启示

发展经验：

会展农业是一个系统工程，通过打造区域性农业品牌形象，实现产业升级，获得品牌效益。

特别提示：

（1）会展农业以一定的场馆设施和展示基地为基础，以会议、展览、展销、节庆等活动为主要形式。在会议、展览、展销等活动上，好的位置、好的时段能带来好的营销效果，但展位费也比较高。

（2）鲜活农产品参展，需要做好保鲜措施，避免出现不必要的情况。

### 头脑风暴

1. 全国有哪些影响力大的农业会展？
2. 今后你打算参加哪些农业会展？

## 五、康养农业模式

《乡村振兴战略规划（2018—2022 年）》中提道：“顺应城乡居民消费拓展升级趋势，结合各地资源禀赋，深入发掘农业农村的生态涵养、休闲观光、文化体验、健康养老等多种功能和多重价值。”在乡村，发展康养产业是重要方向。随着我国城市化进程的加快、居民消费水平的提高，老龄化社会现象突出，人们对健康养生的需求成为市场主流趋势和时代发展热点。康养农业模式融健康养老、休闲观光等功能于一体，满足了人们对身心健康的全方位需求。发展康养农业，可以从以下几方面入手：

**1. 根据特色资源（如知名农产品），进行开发** 如果乡村本身有地理标识农产品，可以根据农产品开发系列康养美食。有些长寿村有长寿文化基础，倡导食养、药养、中医等健康养生方式，可以结合养老民宿，发展田园长寿文化康养农业。

**2. 无特色资源，植入相关特色与功能** 对于无明显特色资源的乡村，可以植入康养资源，通过旅游的搬运功能进行特色植入。例如，乡村本身有较好的环境基础，可以进一步改善和维护乡村生态环境，培育和引导养生养老产业进驻，进行生态养生型开发。

**3. 强化健康主题，多元化开发** 可以围绕健康养生养老主题，进行多元化开发。可以考虑以健康养生、休闲养老度假等健康产业为核心，进行休闲农业、医疗服务、养生度假等多功能开发。

## 案例分享

### 四川省康养农业模式典型案例

**1. 巴中市平昌县川东北田园康养小镇** 川东北田园康养小镇辐射成都、重庆西部，以生态农业为基础，拓展农业功能，以绿色生产、农旅休闲、养生宜居、文化娱乐为核心功能，辅以创业交流、商业服务、开放空间、公共服务等功能，打造生产、生活、生态“三生”共融的绿色农产品供应基地和田园康养小镇。

**2. 巴中市南江县铁炉坝五星级康养度假中心** 铁炉坝五星级康养度假中心占地面积约30亩，建有独栋休闲度假木屋36栋，集休闲、疗养、娱乐、健身、保健、避暑、吃住等功能于一体。

**3. 广元市青川县青龙湖康养旅游综合开发项目** 青龙湖康养旅游综合开发项目计划总投资约100亿元，总占地约710亩，将建五星级标准温泉酒店、康养中心、酒店公寓、通用航空机场、通用航空小镇、战国木牍文化康养城、通用航空机场市政道路等，预计2025年年底完工。项目建成后，预计新增就业岗位约5 000个，日接待游客1万余人。

**4. 江油市大堰镇狮儿湖田园综合体** 狮儿湖田园综合体占地面积约3 000亩，整体规划依托“一城一湖”的思路，一城为小城镇、一湖为狮儿湖，发展现代有机农业，构建新型农业形态。狮儿湖田园综合体将有机蔬菜产业、田园小镇、多元文化有机融合，以品牌化、特色化为导向，合理组织旅游开发和建设，突出自然景观特色和当地文化特色，立足打造现代城市与现代农村相融发展的有江油特色的田园小镇。

**5. 内江市资中县老寨子康养基地** 老寨子康养基地总体规划面积约3.5千米$^2$，核心区域面积约1.37千米$^2$。基地依托良好的区位优势及水湾、半岛、山丘、古寨等资源，结合现代智能科技农业及观赏花卉产业，融花卉观光、水上运动休闲、科技农业博览、果蔬采摘体验等功能于一体。

**6. 宜宾市筠连县沐爱康养度假区** 沐爱康养度假区占地面积3 000亩，其中，康养度假区域建筑面积50 000米$^2$，设床位1 200张；附属医院建筑面积15 000米$^2$，设床位200张；餐饮中心建筑面积2 000米$^2$，设餐饮中心4个；综合楼建筑面积3 000米$^2$；精品酒店建筑面积3 000米$^2$；若干旅游设施建筑面积5 000米$^2$，停车场1 000个。此外，沐爱康养度假区还建有文化教育中心、文化娱乐中心、体育健身中心、商业中心、种植养殖中心、接待中心、再就业中心、儿童乐园等配套设施。

**7. 巴中市恩阳区云台山生态康养休闲度假区** 云台山生态康养休闲度假区占地面积12千米$^2$，主要开发康养度假、观光采摘、休闲观光旅游项目。度假区建有游客接待中心、停车场、游步道、木屋群、休憩亭、观景台、星级农家乐、民俗屋、耕作道、灌溉设施、配套建设旅游地产等，并建有芦笋基地，特色水果、蔬菜种植基地，还配置了旅游标识牌、智慧旅游系统。

**8. 巴中市通江县曦霞谷康养基地** 曦霞谷康养基地依托莲花山独特的地形地貌，建成以文化体验、休闲度假为主的AAAA级旅游景区。基地重点建设巨型莲花观音立佛像、“梦回巴国”实景剧场、平梁古城遗址公园、狩猎场、农业生态观光体验园。

**9. 遂宁市蓬溪县龙洞湾深呼吸康养产业项目** 龙洞湾深呼吸康养产业项目规划面积为12 000亩，依托宝梵文化和红海资源，从特色旅游景区建设、康养产业、影视基地、旅游地产、特色区域产品交易中心五大板块着手，打造集文化、旅游、康养于一体的休闲度假区。

**10. 广安市邻水县邻水西天生态文化康养特色小镇** 邻水西天生态文化康养特色小镇占地面积约20千米$^2$，将养老度假、花海观光、生态休闲游、农家乐、特色主题庄园游等项目融为一体。

**11. 乐山市峨眉山市国际康养度假区** 峨眉山市国际康养度假区拟建设三级甲等综合医院、健康体检中心、医疗专家公寓、康养护理中心、康养论坛中心、康养主题酒店、康养配套培训基地、康养配套商业街区、机构康养社区。规划占地面积约900亩，利用峨眉山区域优势和生态环境资源，开发峨眉山养生主题度假地，植入观光旅游、休闲度假、运动健康、养老养生、教育扶贫等多种产业形态，完善配套服务，发展多种参与式体验项目，为游客营造回归自然、享受山水的健康度假氛围。

**12. 南充市顺庆区健康养老中心** 顺庆区健康养老中心建有高端养老社区、老年活动中心、老年医疗护理中心、老年体育健身中心、生态养老旅游、老年休闲广场等，同时建有园区内道路、停车场等配套设施，是一个健康养老综合体。

**13. 成都市邛崃市茶产业康养项目** 邛崃市茶产业康养项目依托夹关镇1.7万亩茶叶种植资源，利用白沫江和五龙湖得天独厚的水资源，打造康养休闲小镇。

**14. 资阳市乐至县日月水乡康养休闲度假基地** 日月水乡康养休闲度假基地占地面积约147亩，其中建设用地30.62亩，建有康养型别墅度假区、康养体验区、商业展销区、农耕体验区，打造集乡村观光旅游、休闲旅游、文化旅游、康体疗养旅游、农耕体验于一体的高端生态旅游及康养示范基地。

**15. 攀枝花市西区金沙画廊康养旅游综合体** 金沙画廊康养旅游综合体主要依托金沙江两大梯级水电站——观音岩水电站和金沙水电站之间形成的静水湖面，打造特色滨河休闲旅游度假区。金沙画廊康养旅游综合体对金沙江沿岸进行景观提升，引入休闲娱乐、特色产业等功能，打造金沙江沿江两岸文化旅游带、水岸体验带、沿江休闲文化带、康养运动带。沿线景点包括503地下战备电厂、尖山观景台、玉泉康养谷、三线记忆·河门口文创小镇、庄上金沙文旅小镇等。

**16. 内江市威远县老君山康养项目** 老君山康养项目建设位置紧邻四川省慈菇塘森林公园，依托大石包水库，建设生态旅游区；依托大小老君山及威远药王山中药健康旅游项目，建设集中医养生、中药种植、生态农业、旅游等项目于一体的康养区；以黄坭村、桃李村为核心，打造特色农业休闲区。项目占地面积约15 000亩。

## 案例启示

发展经验：

随着乡村振兴战略的持续推进，越来越多看得见山、望得见水的美丽乡村凭借独特的自然风光、人文风情，吸引着平日生活在城市的人们来旅游观光、寄托乡愁。在这一背景下，康养农业有效利用乡村环境与资源，将环境与服务打包售卖，实现市场资源和产品资源的增值。

特别提示：

（1）康养农业面对的主要消费人群年龄较大，需要建有完善的医疗服务和救援体系。

（2）发展康养农业除了看小环境，还要看大环境，不是所有的地方都适合发展康养农业。

（3）发展康养农业要注意投资回报率和回报周期两大问题。

## 头脑风暴

康养农业门槛不高，但要做好做强，需要在服务上进行创新。你认为康养农业的消费人群最关注的服务项目有哪些？

## 能量加油站

《关于调整完善土地出让收入使用范围优先支持乡村振兴的意见》

线上课堂 4

模块三

# 现代设施设备（装备）农业新业态

- 了解现代设施设备（装备）在农业中的应用；
- 了解如何进行农业生产方式、模式创新。

2013年11月，习近平总书记在山东考察时强调："解决好'三农'问题，根本在于深化改革，走中国特色现代化农业道路。要给农业插上科技的翅膀，按照增产增效并重、良种良法配套、农机农艺结合、生产生态协调的原则，促进农业技术集成化、劳动过程机械化、生产经营信息化、安全环保法治化，加快构建适应高产、优质、高效、生态、安全农业发展要求的技术体系。"

## 单元一　工厂化育苗

进入21世纪以来，随着规模化种植的不断扩大和种植技术水平的不断提高，越来越多的种植户使用工厂化成品苗。

工厂化育苗是指在人工控制的最佳环境条件下，充分利用自然资源和科学化，标准化技术指标，运用机械化、自动化、标准化的手段，使秧苗生产达到快速、优质、高产、高效率，成批而稳定的生产水平的一种育苗方式。

### 案例分享

**蔬菜育苗工作忙**
**——成都王冠农业科技发展有限公司典型做法**

**缘起：**

成都王冠农业科技发展有限公司是一家以科技为龙头、产业为支撑，从事新品种、新技术推广的专业化农业科技服务企业，成立于2015年。

**做法与成效：**

成都王冠农业科技发展有限公司的核心团队成员均是农业类专业出身，掌握良好的农业生产技术，积累了丰富的实践经验。公司严格按照现代企业管理制度与管理方式，进行规范化管理，注意打造高水平、专业化人才队伍。

成都王冠农业科技发展有限公司建有种苗场，以生产和销售各类蔬菜苗为主。目前，公司年生产各类优质种苗2 000万株以上，采用现代工厂化、集约化穴盘育苗技术，使用全营养无土育苗专用基质，培育的种苗质量稳定、根系发达、苗壮苗齐，移栽后适应性强、成活率高、缓苗期短（图 3-1 至图 3-5）。

图 3-1　育苗大棚外景

图 3-2　育苗大棚内景

图 3-3　育成的蔬菜苗

图 3-4　育苗收获场景

图 3-5　育苗盘栽种设备

除了生产和销售各类蔬菜苗，成都王冠农业科技发展有限公司还积极开展种植技术研究和蔬菜新品种、新材料、新技术的示范与应用推广。公司的蔬菜种植全部采用绿色无公害生产技术，进行标准化生产。此外，公司还开展新奇特果蔬采摘、体验以及农业科普教育活动。

## 润升水稻专业合作社的实践探索

**缘起：**

1977 年出生的董敏芳，大学毕业后在海尔、通用等企业做了十几年管理工作。2013 年，她回老家种田，成立了润升水稻专业合作社，并被选为理事长，发展至今已投资近 3 000 万元。

**做法与成效：**

为了做好服务，合作社成立了社会化服务中心，提供育秧、机耕、施肥、机插、飞防、收割、仓储、烘干等一条龙机械化服务。

中心的 800 $米^2$ 育秧工厂是全省一流的智能育秧基地。工厂配备了两条育秧流水线，可实现自动播种、施肥、喷灌以及智能控温等现代化育秧作业。中心配置了多套旋耕机、插秧机、收割机、拖拉机等设备，不仅能轻松完成合作社田间所有农事，还向周边 3 万亩水稻基地提供全程服务。

2020 年，合作社新上大米加工厂，开展集中育秧、统防统治、农机服务、粮食烘干、粮食仓储、品牌营销、庄稼医院和农民培训八大服务，形成产前、产中、产后全程一体化的粮食产业服务链。

完善的设施设备、强大的服务功能，董敏芳真正实现了一粒稻谷从田间到餐桌的全程现代化。在董敏芳引领的新业态下，种田更省工、省力、省心，不再是粗活、脏活、累活的代名词。

目前，合作社流转土地 5 590 多亩，托管服务超过 3 万亩。托管基地采取“合作社＋农户＋基地”运营方式，实行优良品种、绿色防控、机械化服务、订单收购和品牌销售“五统一”。

合作社的育秧工厂能为 5 000 亩水田提供机插秧苗。秧苗粗壮，抗病性强，带土入田生长快。集中育秧就此迈出了丰收的第一步。采用施肥机施肥优点多：减人工；减三成肥料，深施肥更环保；抑制杂草生长；亩均增产 100 多斤；千粒重增加 6%以上。这些都是看得见摸得着的好处。基地开展飞防作业，推广点灯诱蛾、性诱剂等绿色防控技术，实现农药减量、粮食增产，确保了品质安全。合作社特别重视优质稻种植，玉针香、桃优香占等品种覆盖率达到了 100%，一亩田可增加 200 元收入。

目前，合作社的“田宝宝”品牌已远近闻名，而且带动全县优质农业品牌不断增加。董敏芳敏锐地把握着粮食生产的方向，通过规模化生产、集约化经营、品牌化战略，大大提升了种田的整体效益。2018 年，合作社直接解决就业 20 余人，提供劳动用工岗位 3 000 多个。

2018 年，在智能育秧基础上，合作社投资 220 万元，以高效节水灌溉系统为主攻项目，“四情”监测系统、农产品质量追溯体系同步上线，建成了占地面积 900 亩的岳阳市首个全过程远程监控的智慧农业示范基地，实现了跨越式发展。

基地用水通过沟渠从水库引水，在泵房实现水肥一体化。泵房抽水机开关通过手机 App 控制。供水管网系统建在地下一米深处，田间供水也由手机 App 操控。智慧农业控制中心由监控系统和气象系统组成，在实现农田生产现场可视化前提下，实时检测产地的风速、雨量、温度、湿度、气压、风向和光照度等信息。管理员接到控制中心下达的指令，通过手机 App 操作，实现远程一键供水。作为农产品全程质量追溯的重要环节，智慧农业云平台进一步对接厂区和基地，实行同步监控。

数字化的智能管理让种田做到了“脚不沾泥，手不碰水”。相对于面朝黄土背朝天的传统耕作，取而代之的是“潇洒‘按’一回”的时尚与风光。

## 案例启示

**发展经验：**

与传统育苗方式相比，工厂化育苗具有用种量少、占地面积小，缩短苗龄、节省育苗时间、减少病虫害发生、提高育苗生产效率、降低成本等特点，有利于统一管理、推广新技术。

**特别提示：**

（1）要实现工厂化育苗，必须有相应的设施设备。新生苗比较脆弱，不适合长途运输，因此工厂化育苗企业一般设在农业生产主产区周边。

（2）工厂化育苗一般针对蔬菜、花卉等作物进行快速育苗，实现周年供应。

## 头脑风暴

1. 如何准确把握工厂化育苗市场需求？
2. 工厂化育苗企业的服务对象除了农业生产者外，还包括直接消费者。

工厂化育苗企业可以向消费者提供芽苗菜。想一想，若要开一家以生产芽苗菜为主的工厂化育苗厂，需要哪些设施设备？

线上课堂 5

# 单元二　工厂化生产

和传统农业生产方式相比，工厂化生产方式利用农业设施，有效控制农作物生长环境，使得农业生产效率得到极大提升。

农业工厂化生产是指采用类似工厂的生产方式进行农业生产，是一种高度集约的农业生产方式。工厂化生产的特点如下：采用现代化装备、现代化技术和现代化管理方法，营造适合动植物生长发育的良好环境。例如，在一些现代化的蔬菜、花卉温室，封闭式、半封闭式的养猪场、养鸡场，通过技术手段调节和控制动植物生长发育所需的空气、温度、光照、水分、养分等。

## 案例分享

### 温室大棚全力呵护作物生长

**缘起：**

在不适宜作物生长的季节，温室大棚以加厚的墙体、后坡、防寒沟等最大限度地保温蓄热，使室内温度、光照强度、湿度等环境尽可能适宜作物生长。如今，温室大棚已成为农业产业发展、农民增收的重要支撑。

**做法与成效：**

近年来，新疆维吾尔自治区伊犁州伊宁县武功乡大力发展设施农业，改变农业结构单一的状况，通过种植反季节蔬菜、水果，不但有效保障市场“菜篮子”供应，也让种植户增收。2020 年，当地农民种植一棚辣椒，产量能达到 1.5 吨，年收入上万元。

河北省遵化市积极发展蒜黄、食用菌、蔬菜等温室大棚设施农业，帮助农民增收致富。截至 2019 年 4 月，遵化市已建成各类温室大棚 4 000 余个，占地面积 1 万余亩，仅蔬菜设施农业年创综合产值就达 2.4 亿元（图 3-6）。遵化市众鑫食用菌专业合作社大力开展温室大棚种植，并先期规划建设了 100 个大棚，采用利润分成的模式给农民使用，农民得 60%的利润、合作社得 40%的利润。农民零投入就可以进行温室大棚种植。每个温室大棚年纯收益达 10 万元左右，农民经营 1 个温室大棚年收入可在 5 万元以上。

图 3-6　望不到头的温室大棚

成都市一家从事工厂化蔬菜生产的农业企业，通过温室大棚促进作物生产，种植的螺丝椒 37 天即进入采收期（图 3-7）。

图 3-7 温室大棚实现螺丝椒 37 天收获

## 简易滴灌起大作用
## ——眉山市彭山区沈厅家庭农场的实践之路

**缘起：**

“80 后”青年刘沈厅从电子科技大学电子科学与技术专业硕士毕业后，放弃公派留学和留校的机会，于 2016 年年底回到家乡四川省眉山市彭山区创业。他在彭山区谢家街道李山村流转土地 130 亩，创办眉山市彭山区沈厅家庭农场。

**做法与成效：**

由于不懂技术，起初，刘沈厅的创业之路走得并不顺利，最开始种植的猕猴桃因有机肥施多了，全都没有成活。受到打击的刘沈厅没有放弃，他求新求变，通过技术培训、学习、交流等方式提高自身种植技术，将猕猴桃改种为晚熟柑橘，成功转变危机局面。他拜四川省农业科学院柑橘专家为师，快速掌握了柑橘种植技巧。他还在柑橘种植过程中自主研发了冬季晚熟农产品双层绝热防霜冻袋技术和简易滴管系统，并获得专利。通过技术改进，解决了传统种植难题。2020 年，农场第一年挂果就采收 30 万斤，实现经营收入 135 万元。

刘沈厅设计的简易滴灌系统，整体结构简单，使用成本低，在四川省泸州、自贡、成都、宜宾、眉山等地区推广使用 5 000 多亩（图 3-8 至图 3-10）。这一系统的主要特点如下：

图 3-8　简易泵房

图 3-9　兼具过滤作用的取水口

一是无须专业过滤设备，无须滴头，系统设计简单，成本低，不怕堵。由于无过滤设施，降低了对肥料的要求，平均每亩节省设施成本500～800元、管理成本和肥料成本 500 多元。

二是水肥通过钻孔喷向树体，既可充当叶面肥，又可降低叶面温度、提高空气湿度，营造适合作物生长的小气候。

三是通过控制钻孔的方向、个数，控制出水量、覆盖面积，灵活方便。

四是随着树冠、树体长大，可将钻孔位置逐渐外移。

图 3-10　现场布管

五是可直观判断钻孔是否堵了。若钻孔堵了，可敲击钻孔或重新打孔，基本无后续维护费用。

## 鲟鱼工厂化生产
## ——四川润兆渔业有限公司的实践之路

**缘起：**

四川润兆渔业有限公司是四川省农业产业化经营重点龙头企业和国家高新技术企业。公司自 2006 年成立以来，一直致力于鲟鱼养殖、加工产业化发展，建立起从鲟鱼苗种繁育、商品鱼养殖、种鱼养殖到鲟鱼鱼子酱、鱼肉加工以及鲟鱼产品销售的完整产业链，同时带动周边农户从事鲟鱼养殖、加工以及相关的休闲渔业，促进了四川省乃至全国的鲟鱼产业发展。

**做法与成效：**

**1. 鲟鱼苗种繁育**　四川润兆渔业有限公司在成都市彭州市建设了一个标准化鲟鱼苗种繁育中心，繁育西伯利亚鲟、史氏鲟等目前我国鲟鱼主要养殖品种的远缘核心种群；建立起鲟鱼亲鱼培育及控温繁育体系，通过人工调控温度，控制鲟鱼亲鱼性腺发育，做到了鲟鱼全年繁殖、全年供苗，突破了鲟鱼春季繁育的瓶颈；建立起鲟鱼苗种培育体系。四川润兆渔业有限公司年繁殖鲟鱼水花鱼苗达 2 000 万尾以上，培育鲟鱼规格苗种达 500 万尾以上（图 3-11 至图 3-13）。

**2. 鲟鱼商品鱼及种鱼养殖**　四川润兆渔业有限公司在成都市彭州市、蒲江县，广元市青川县，雅安市天全县，陇南市文县，重庆市石柱土家族

图 3-11　室外工厂化养鱼池一

图 3-12　室内工厂化养鱼池

图 3-13　工厂养鱼水质净化器

自治县等地建设了9个标准化流水养殖基地和2个网箱养殖基地。公司年养殖销售鲟鱼商品鱼达1 000吨以上，养殖鲟鱼种鱼达3 000吨（图3-14至图3-16）。

图3-14　水面网箱

图3-15　室外工厂化养鱼池二

图3-16　池中鲟鱼

**3. 鲟鱼鱼子酱及鱼肉加工**　四川润兆渔业有限公司在四川省雅安市天全县建设了一座达到国际标准的水产品加工厂，生产鲟鱼鱼子酱及鱼肉产品。通过了ISO 9001、ISO 22000、HACCP等质量管理体系认证，以及欧盟、美国等国际质量标准体系认证。公司打造鱼子酱自主品牌“芙思塔”，是欧美鱼子酱市场的主流供应商。公司的鱼子酱年销量达到30吨以上，产品销往全球20余个国家和地区，全球鱼子酱市场占有率达到7%左右（图3-17至图3-19）。

图 3-17　加工厂外观

图 3-18　加工厂内景

图 3-19　鱼子酱加工场景

## 案例启示

发展经验：

（1）农业设施有助于改变作物生长微环境、缩短作物生长周期、减少农业投入品用量。

（2）因地制宜地研发和使用农业设施，有利于提高农业生产效率、降低农业生产成本，是值得新型农业经营主体思考、借鉴的方法。

特别提示：

（1）工厂化生产前期投入大，必须提前做好规划，避免投资失误。

（2）做农业一定要有一颗强大的心，特别是从事高投入的农业工厂化生产，极易出现投资还未见效益、农业主体已倒闭的情况。

（3）鲟鱼苗种繁育技术含量高、繁殖周期长，培育质量优良的鲟鱼苗种是一项长期、艰巨的工作。

（4）鲟鱼鱼子酱的主要消费市场在欧美国家，产品销售受国际贸易政策影响较大。

## 头脑风暴

1. 结合自身产业想一想，如何改进目前的农业设施、进一步提高生产利润？

2. 工厂化生产存在哪些瓶颈，有哪些好对策？

线上课堂6

# 单元三　农产品加工业

农产品加工业，是对粮棉油薯、肉禽蛋奶、果蔬茶菌、水产品、林产品和特色农产品等进行工业生产活动的总和。农产品加工业一头连着农业和农民，一头连着工业和市民，亦工亦农，既与农业密不可分，又与工商业紧密相连，是农业现代化的支撑力量和国民经济的重要产业。近年来，我国农产品加工业有了长足发展，对促进农业提质增效、农民就业增收和农村一二三产业融合发展发挥了重要作用。2020 年，中国农产品加工业营业收入超过 23.2 万亿元，较上年增加 1.2 万亿元，农产品加工转化率达到 67.5％，科技对农产品加工业发展的贡献率达到 63％。

**能量加油站**

## 农产品深加工三刀模式

随着我国农产品加工业的高速发展以及加工技术装备的不断提升，农产品加工业由粗（初）加工向精（深）加工发展。农产品深加工三刀模式，能够充分延展产业链条，利用宝贵资源，增加农产品深加工附加值，同时满足市场需要，取得更好的经济效益和社会效益。

三刀模式的第一刀是粮去壳、菜去帮、果去皮、猪变肉，也就是农产品产地初加工，主要解决仓储物流、减损保鲜、分级分选问题，实现农产品增值 20％以上。第二刀是粮变粉、肉变肠、菜变肴、果变汁，也就是食品加工和食品制造，解决农产品精深加工、提质增效问题，实现农产品增值 60％以上。第三刀是麦麸变多糖、米糠变油脂、果渣变纤维、骨血变多肽，也就是共产物梯次利用，解决变废为宝、节能减排、环境污染问题，实现产品增值高达 3 倍以上（图 3-20）。

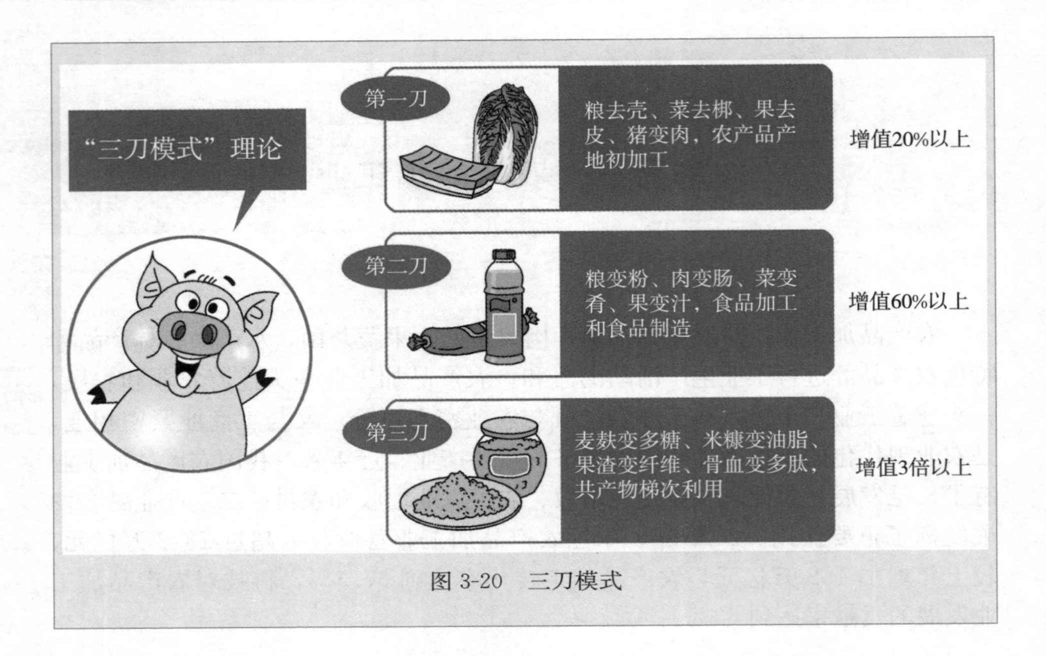


图 3-20　三刀模式

## 案例分享

### 打造高原上的菜籽油——阿坝县万利农副产品开发有限公司典型做法

**缘起：**

1991 年出生的藏族小伙扎波于 2013 年大学毕业后，积极响应国家大众创业、万众创新的号召，怀揣着希望和对故乡的眷念，踏上了回乡创业之路。他与家乡四名大学生一起进行多方考察、走访，决定走本土天然绿色食品发展道路，在 2016 年 1 月创建阿坝县万利农副产品开发有限公司。

**做法与成效：**

阿坝县万利农副产品开发有限公司的注册资金为 1 300 万元，占地面积达 6 713 米$^2$，现有员工 13 人。公司主要从事高原天然有机食用油产品研发、种植、生产、销售，立足于青藏高原独特的资源条件、明显的区域特征、优质的产品品质，在高原种植油菜 15 000 亩，全力打造无污染、零添加的优质高原有机菜籽油（图 3-21）。阿坝县万利农副产品开发有限公司生产的油菜籽已获得有机转换认证证书、生产的菜籽油获得有机农产品认证（图 3-22）。

图 3-21　公司产品

经过不懈努力，阿坝县万利农副产品开发有限公司成为阿坝州青年创业专项扶持项目点，获得了多项荣誉（图 3-23）。下一步，公司将继续提升菜籽油的品质，拓宽销售市场，让更多的人了解高原菜籽油，扩大品牌影响力。

有机转换认证证书

证书编号：283OP1900210

证书持有人名称：阿坝县万利农副产品开发有限公司

地址：四川省阿坝藏族羌族自治州阿坝县[illegible]新区工业园

生产企业名称：阿坝县万利农副产品开发有限公司

地址：四川省阿坝藏族羌族自治州阿坝县[illegible]新区工业园

有机产品认证的类别：植物生产

认证依据：GB/T 19630-2019 有机产品 生产、加工、标识与管理体系要求

认证范围：

| 序号 | 基地名称 | 基地地址 | 基地面积 | 产品名称 | 产品描述 | 生产规模 | 产量 |
|---|---|---|---|---|---|---|---|
| 1 | 万利农副产品种植基地 | 四川省阿坝藏族羌族自治州阿坝县[illegible] | 66.66公顷 | 油菜籽 | 油菜籽 | 66.66公顷 | 0吨 |

以上产品及其生产过程符合有机产品认证实施规则的要求，特发此证。

初次发证日期：2019 年 07 月 29 日
本次发证日期：2020 年 10 月 22 日
转换期起始时间：2019 年 03 月 01 日
证书有效期：2020 年 10 月 22 日　至　2021 年 07 月 29 日

SEIC
Sino-Euro Union Inspection Certification
中欧联合检验认证

总经理：

中欧联合检验认证有限公司

图 3-22　有机转换认证证书

阿坝县万利农副产品开发有限公司的发展离不开当地有关部门的支持。近年来，阿坝县大力调整产业结构，在依法、自愿、有偿的原则下，引导农户将土地经营权流转给种植企业，帮助群众增收致富。2018 年以来，阿坝县万利农副产品开发有限公司通过土地流转，带动 13 000 多人增收。在油菜的品种选择上，经过三年努力，公司已经找到最适合阿坝县种植的品种，通过有机种植方式，每亩产量可达 240 斤左右。

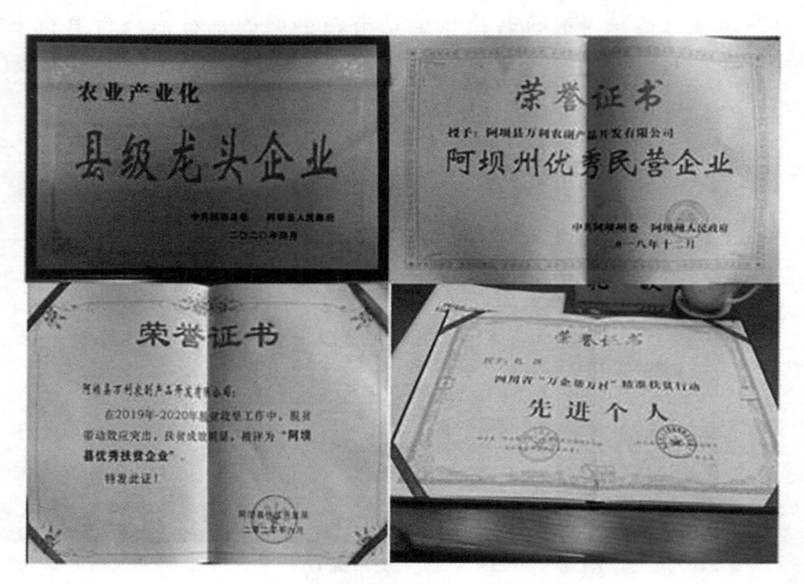


图 3-23　公司及扎波个人获得的荣誉

图 3-24、图 3-25 为公司拥有的机器设备。

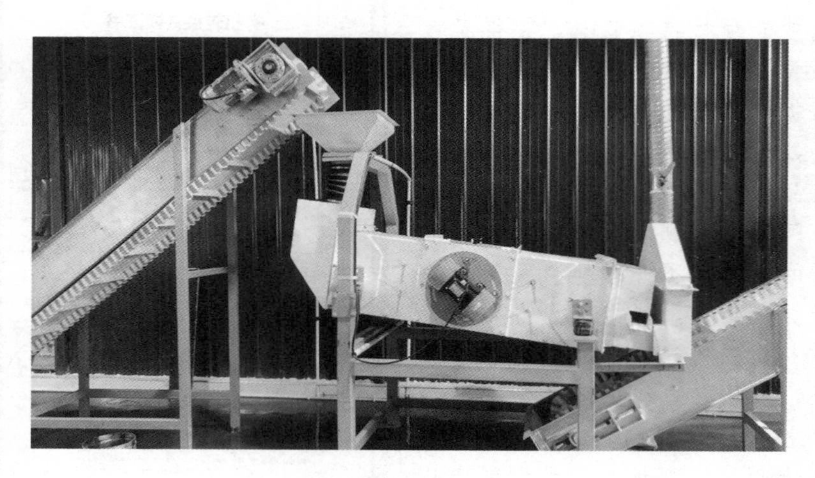

图 3-24　公司设备一

图 3-25 公司设备二

## 打造紫薯种植传奇
## ——益昌薯类种植专业合作社典型做法

**缘起：**

益昌薯类种植专业合作社位于四川省绵阳市安州区花荄镇兴隆村，成立于2010年1月，现有成员156户，有种植生产基地3个，占地面积达350亩。

益昌薯类种植专业合作社负责人谭晓燕今年50多岁，高中毕业后就外出打工。2005年初，谭晓燕回到安州区创业，做甘薯加工。

**做法与成效：**

为解决甘薯加工原料问题，从2005年3月起，谭晓燕就多次邀请薯类种植专家、农技专家到农户家中传授甘薯标准化种植技术。益昌薯类种植专业合作社与农户签订种植收购合同，并向农户赠送优良品种种苗。在合作社的带动下，当地有200多户农户加入甘薯种植行列（图3-26）。

2010年，谭晓燕从四川省农业科学院带回紫薯苗，自此开启了紫薯种植之路。经过十几年发展，如今合作社的紫薯种植面积达8 000多亩。

除了紫薯种植，合作社还积极开展紫薯加工，生产出紫薯粉丝、紫薯全粉、紫薯酒等一系列健康、安全的深加工产品，有效延伸了产业链（图3-27）。

图 3-26　甘薯绿色高质高效创建示范片测产验收现场

图 3-27　加工基地

## 丹棱县生态源农业发展有限公司典型做法

**缘起：**

丹棱县生态源农业发展有限公司位于柑橘之乡眉山市丹棱县，成立于2016年，注册资本500万元。公司通过长期研究，摸索出“公司+合作社+协会+科研院校+生鲜电商+种植大户+农户”的生产经营模式，辐射带动5 000户果农从事水果生产，带动种植面积12 000亩。

丹棱县生态源农业发展有限公司

**做法与成效：**

丹棱县生态源农业发展有限公司负责人陈波从1998年开始，就与中国农业科学院柑桔研究所和四川省农业科学院合作，先后引进30多个品种进行试验，优选出适合当地种植的不知火、清见等多个优良品种。陈波作为主要研究人员之一，经过17年的努力选育出丹棱县首个具有自主知识产权的柑橘新品种——大雅柑。2016年12月，大雅柑通过四川省农作物品种审定委员会审定。目前，该品种推广种植面积达10万亩，每年每亩为果农带来2万元以上收入。

在开展新品种选育和推广的过程中，陈波深切感受到卖果难。因此，他于2016年注册了丹棱县生态源农业发展有限公司，专门从事柑橘种植、销售。

丹棱县生态源农业发展有限公司依托丹棱县几十万亩的柑橘种植面积，建有标准分选车间10 000米$^2$、100吨标准高温贮藏库50余座，年加工柑橘类产品约1亿元（图3-28、图3-29）。2018年，公司发布不知火杂柑企业质量技术标准，并成功在双创企业板挂牌。

图3-28　分选设备分选套袋不知火

在发展柑橘产业方面，丹棱县生态源农业发展有限公司有以下举措：

**1. 引进、选育、推广新品种**　强化新品种培育，保持晚熟柑橘发展领先优势。充分利用与中国农业科学院柑桔研究所良好的合作关系，引进多个柑橘新品种，通过芽变选育2个品种。

**2. 开展技术培训**　围绕提高果农种植水平，定期开展技术培训，普及推广实用技术，推动柑橘种植提质增效。同时，设立技术服务热线，随时

图 3-29　工人正在装箱

随地为果农提供技术指导和服务。

**3. 拓展销售渠道**　大力开展品牌营销，利用互联网优势，与京东等电商平台合作，积极拓展销售渠道。与百果园等超市建立合作，产品销往北京、广东、重庆、陕西等地。

**4. 建立利益联结机制**　通过二次返利，提供农资、技术、销售等服务，与果农建立利益联结机制，实现果农利益最大化，带动果农增收。

**5. 做好品牌建设**　合作社注册有"科乐吉"牌商标，对果品生产销售实行技术、质量、包装、品牌"四统一"，以品牌占领市场、提升公司形象。

## 葡萄酒中的故事
## ——得荣县太阳魂农副产品加工有限公司典型做法

**缘起：**

得荣县太阳魂农副产品加工有限责任公司成立于 2012 年 7 月，主要业务范围为高原特色农副产品（有机苦荞茶，有机葡萄酒）生产、加工、销售、储藏以及技术与信息服务等。公司占地面积 5 168 米$^2$，现有资产 3 700余万元，年销售额达 800 余万元。公司共有职工 46 人，其中大中专文化程度以上 14 人。组建了由 5 名葡萄酒专业技术人员组成的团队，专门负责葡萄种植基地管理、葡萄酒生产与质量管理。

**做法与成效：**

得荣县位于四川省西南部，处于四川省甘孜州稻城县亚丁自然保护区和云南省香格里拉旅游区的国际旅游环线上，位于青藏高原东南缘，属于金沙江干热河谷区，有着高山峡谷地貌，是葡萄与葡萄酒产区。

得荣县太阳魂农副产品加工有限公司自成立以来，在酿酒葡萄的开发利用方面持续加强投入，采用“公司＋基地＋合作社＋农户”的运营模式，在得荣县瓦卡镇和曲雅贡乡等几个乡镇建立葡萄种植基地 380 亩。此外，成立了葡萄专业协会，将科学有机栽培技术传授给当地葡萄种植户，为葡萄酒酿造企业提供优质的葡萄原料（图 3-30）。

图 3-30 河谷中栽种的酿酒葡萄

公司的酿酒葡萄全部按照有机标准生产，选用国内外先进的专业酿酒设备，将传统工艺与现代科学技术相结合，酿造出具有地域特色的葡萄酒（图 3-31）。

如今，得荣县太阳魂农副产品加工有限公司的葡萄酒生产已初具规模，酿制了几款带有地域文化特色的葡萄酒。2014 年，公司成立了专门的营销团队，线上线下销售网络覆盖全国各地。公司在康定、香格里拉、得荣等地开设了专营实体店，并借助中国西部国际博览会等平台进行产品推广。

图 3-31　现代化的酿酒车间

## 案例启示

发展经验：

(1) 因地制宜发展相关产业，进一步开展农产品加工，有助于帮助当地农民增收增富、巩固脱贫成果。

(2) “原料基地＋加工企业”模式，有力地推进了农业产业规模化进程。

特别提示：

(1) 高海拔地区农业种植机械化程度低，劳动力成本较高，生产成本增加。

(2) 无限制扩大加工规模，易造成资金链紧张。

(3) 从事农产品加工业需要特别注意农产品质量安全问题，严格按照国家有关标准进行生产。

## 头脑风暴

1. 如何利用网络媒体提高品牌知名度？

2. 在扩大加工规模的同时，如何保证产品质量、扩大销路？

## 能量加油站

《全国农产品加工业与农村一二三产业融合发展规划（2016—2020年）》

## 想一想

1. 如何计算农业投资回收周期？

2. 根据自身条件，思考自身所生产的农产品可以如何进行加工，从而实现价值和价格的提升？

线上课堂7

# 模块四

# 高新技术型农业新业态

- 了解当前及今后一段时期将重点发展的高新技术型农业新业态；
- 根据自身条件，思考如何利用高新技术促进农业生产提质增效。

高新技术农业是指以生物技术、电子信息技术和新材料为支柱，以现代新技术为核心的农业发展形式，主要包括分子农业、太空农业、精准农业等。2020年，我国农业科技进步贡献率已达60.7%。“十四五”期间，农业农村部将深入实施乡村振兴科技支撑行动，完善产业技术顾问制度，重点打造100个“一县一业”科技引领示范县、1 000个“一村一品”科技引领示范村镇，推动农业生产绿色可持续发展。

## 单元一　现代种业

种子是农业的“芯片”。一粒种子，关系着中国人的饭碗安全。习近平总书记高度重视种业问题，强调要下决心把民族种业搞上去。2021年中央1号文件提出，打好种业翻身仗。现代种业的发展离不开生物技术、化学技术、物理技术、信息技术的高度融合发展。分子育种技术、太空育种技术都是重要的现代种业育种技术。

分子育种技术可以对控制作物性状的基因，进行鉴定选择、编辑改良。要想打好种业翻身仗，就得在分子育种技术上取得突破，将先进的分子育种技术与常规育种技术紧密结合。

太空育种技术即航天育种技术，也称空间诱变育种技术，是指利用返回式航天器将作物种子或诱变材料送到太空，利用太空特殊的环境诱变作用，使种子产生变异，待返回地面后对这些种子或材料进行进一步选育，从而培育出作物新品种的育种新技术。

截至2020年9月，我国先后30多次利用返回式卫星、神舟飞船、天宫空间实验室和其他返回式航天器搭载植物种子，已在千余种植物中培育出700余个航天育种新品系、新品种，累计种植面积1.5亿亩，产业化推广创造经济效益2 000亿元以上。除粮食、蔬菜、水果、油料等农作物品种外，还创制出林草花卉、中草药新品种和制药、酿酒等用的微生物新菌种。

## 案例分享

### 太空稻米飘香——四川省农业科学院的探索与实践

**缘起：**

太空稻米指的是经过太空育种的优质水稻，在普通大田栽种后获得的大米。

自2001年起，四川省农业科学院专家团队先后通过神舟三号、神舟四号飞船，我国第十八颗返回式卫星以及实践八号育种卫星搭载水稻材料62份，创制出带特异标记性状的优质不育系花香A和高配合力、大穗恢复系川航恢908。十余年间，成功培育出花香7号、花香优1618、花香优1号、花香4016、花优230等十多个太空水稻新品种，并通过省级审定，推广面积达2 000余万亩。自2014年起，四川省农业科学院在攀枝花市米易县、成都市金堂县、成都市崇州市进行太空水稻的栽种试验。

**做法与成效：**

米易县垭口镇安全村种植的泸优908水稻，亩产825千克，比普通杂交水稻亩产高238千克；种植的花香优1618水稻，亩产941.7千克。研究人员分析，在改进管理方式后，在米易县种植太空水稻能够实现“吨粮田”这一目标（图4-1）。

图4-1　专家组在考察天空水稻成熟情况

金堂县赵家镇 1 000 亩集中成片航天水稻高产示范基地，种植了四川省农业科学院研究团队采用航天诱变与花药培养技术相结合选育出的高产、优质、广适性杂交水稻新品种花香 7 号、花香优 1618、花香优 1 号等。在高产示范区内，实现亩有效穗数 15 万穗左右，穗粒数 200 粒左右，结实率 85%，千粒重达 30 克，亩产 780.6～867.5 千克（图 4-2）。

同时，四川省农业科学院在崇州市公义乡推广太空稻米花香 7 号认养种植。有机生态种植的太空稻米，每千克卖到 12 元，实现亩收入 9 600 元，大幅提高了种植户的经济收益。

图 4-2　赵家镇航天水稻高产示范基地

## 眉山伟继水产种业科技有限公司的核心竞争力打造之路

缘起：

张继业曾是四川省眉山市东坡区农业农村局的一名水产高级工程师。2017 年发布的《人力资源社会保障部关于支持和鼓励事业单位专业技术人员创新创业的指导意见》中提出，支持和鼓励事业单位专业技术人员兼职创新或者在职创办企业。经单位同意，张继业于 2017 年 11 月在职创办了眉山伟继水产种业科技有限公司。公司位于眉山市东坡区尚义镇龚村，距眉山市城区约 10 千米，有 5 个基地，水产养殖面积 1 000 余亩，主要从事大口黑鲈优鲈 3 号、斑点叉尾鮰江丰 1 号、黄颡鱼黄优 1 号的扩繁，同时开展工厂化循环水育苗示范、集装箱和高位池生态循环水养殖示范。通过3年多的努力，目前公司发展已走上正轨。如今，眉山伟继水产种业科技有限公司成为四川省水产种业园区核心区，今后将打造成中国西部水产种业航母（图4-3）。

图4-3　公司外景

**做法与成效：**

**1. 名优品种扩繁**　重点开展以下三个良种扩繁：

（1）大口黑鲈优鲈3号。张继业通过参加在武汉市举办的2018年全国规模化水产健康养殖增效论坛，认识了珠江水产研究所研究员白俊杰，获悉大口黑鲈优鲈3号具有生长速度快、苗种驯饲时间短的优点。2019年，眉山伟继水产种业科技有限公司成为大口黑鲈优鲈3号在四川省的定点扩繁单位，最终实现年产春苗3亿～5亿尾和反季节鱼苗1亿～2亿尾。

（2）斑点叉尾鮰江丰1号。2008年前后，四川省水产局组织眉山市水产科技人员开展斑点叉尾鮰选育的前期工作，与江苏省淡水水产研究所建立合作，选育出第一代产品——斑点叉尾鮰江丰1号。2019年，眉山伟继水产种业科技有限公司成为全国4家定点扩繁单位之一，也是四川省唯一一家定点扩繁单位，最终实现年产鱼苗1亿尾。

（3）黄颡鱼黄优1号。2010年，眉山市东坡区开展杂交黄颡鱼黄优1号养殖示范，该品种具有规格整齐、生长速度快、单产高、起捕率高的特点，且耐长途运输、耐暂养。眉山伟继水产种业科技有限公司于2018年与湖北省黄优源渔业发展有限公司进行合作，成为黄颡鱼黄优1号的定点扩繁单位，最终实现年产鱼苗10亿尾和培育黄颡鱼后备亲本100万组。

**2. 养殖模式示范**（图4-4至图4-7）

（1）工厂化循环水育苗示范。公司建有9条工厂化循环水生产线，养殖水体620米$^3$，主要从事大口黑鲈优鲈3号鱼苗培育，计划年产规格鱼种500万尾。

（2）生态循环水养殖商品鱼示范。公司建有集装箱17口和高位池2口，养殖水体1 340米$^3$，开展大口黑鲈优鲈3号商品鱼生态循环水养殖，计划每立方米水产品产量达15～25千克。

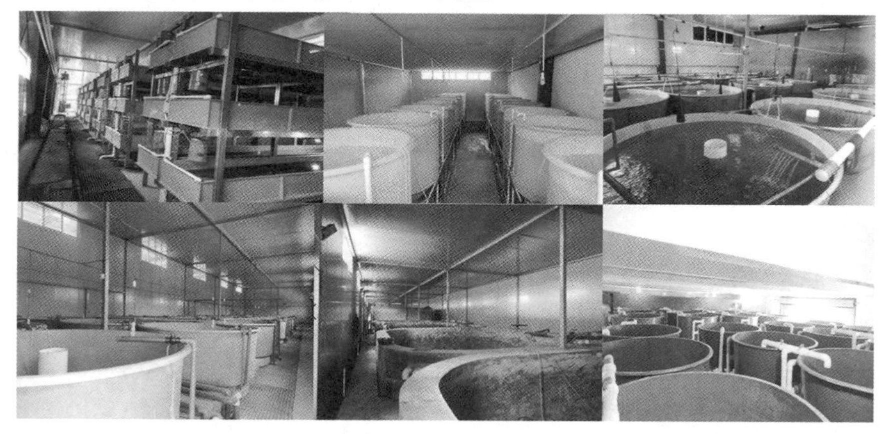

图4-4 工厂化循环水育苗

图4-5 集装箱式循环水养殖系统

图 4-6　高位池

图 4-7　种养结合示范

## 案例启示

发展经验：

（1）农业发展，良种先行。农业龙头企业应坚定地走科技兴农之路，增强种业自主创新能力和综合竞争力，加强育种基地建设、农业科技人才队伍建设。

（2）发展现代种业，需要健全完善种业科技创新体系，采用先进种植和养殖模式，促进可持续发展。

特别提示：

一些企业自主创新能力有限，通过引进—吸收—生产的方式，也是一个不错的选择。

## 头脑风暴

1. 自身从事的农业生产领域是否存在种质资源缺乏的问题？

2. 大多数种业公司主要依靠从事农业技术研发的高校、科研院所的技术成果。种业公司和技术支撑单位之间需要建立什么样的合作模式，才能保持一个长久的合作关系，而不仅仅是价高者得？

## 能量加油站

《国务院关于加快推进现代农作物种业发展的意见》

线上课堂 8

# 单元二　组培苗繁育

组培苗繁育技术是具有一定科技含量的农业高新技术，是根据植物细胞具有全能性的理论（即植物体的每一个细胞都携带一套完整的基因组，并具有发育成为完整植株的潜在能力），利用外植体，在无菌和适宜的人工条件下，培育完整植株。组培苗繁育技术能在较小的空间内实现较大的繁育量，提高生产效率和效益。

## 案例分享

### 遂宁524红苕脱毒快繁组培室的建设与实践
### ——安居永丰绿色五二四红苕专业合作社典型做法

**缘起：**

四川省遂宁市安居永丰绿色五二四红苕专业合作社成立于2007年9月，立足遂宁市得天独厚的自然生态环境，秉持“汗水、良心、品质”企业理念，坚持“科技创新驱动、品牌引领发展”经营理念，致力于生产、种植高品质鲜食型甘薯。

合作社的524商标为四川省著名商标，主打产品——遂宁地方特产524红苕获得了四川名牌产品称号。524红苕凭借品优质特、营养丰富、健康美味，得到了市场的认可和消费者的青睐，屡获殊荣，享誉成渝，远销北京、上海、广州乃至我国港澳地区。

遂宁市安居区全境岩层下部以石灰岩为主，上部以紫红色沙土、泥岩为主，地理条件、气候条件适宜种植红苕。524红苕为地方优质传统品种，在安居区已有50多年的种植历史。该品种甘薯块根均匀、表皮浅褐色，含有可溶性糖、多种维生素和氨基酸，还富含膳食纤维、矿物质等。524红苕通过了ISO 9001质量管理体系认证，获得绿色食品、有机农产品认证，是国家地理标志保护产品。

**做法与成效：**

我国是甘薯生产大国，年产甘薯量约占全世界产量的85%，种植面积约占全世界种植面积的80%。甘薯病毒病在我国各甘薯生产区都有发生，是引起甘薯品种退化的主要因素。目前，防治甘薯病毒病的最佳方法为采取组培脱毒技术。

为了防治甘薯病毒病，保障524红苕的品质和产量，合作社自成立之初，就与四川省农业科学院生物技术核技术研究所进行合作，摒弃传统甘薯种植中的薯块繁育模式，采用甘薯脱毒种苗繁育和原种种植方式，配套相应的绿色栽培技术、病虫害防治技术、储藏保鲜技术，实现了524红苕品质、产量与品牌三重提升。安居永丰绿色五二四红苕专业合作社在负责人李远林的带领下，按照“党支部+合作社+基地+农户”发展模式，发展社员416户、协会会员2 000余人，带动和辐射11个乡镇、80余个村、1.8万名农民种植524红苕3.6万余亩。在合作社全体成员的共同努力下，闯出了一条致富之路，取得了不菲的成绩。2018年，合作社的成果获得四川省科技进步一等奖（图4-8）。

图4-8　技术人员正在接种脱毒苗

为就地大规模繁育脱毒苗种，在遂宁市“高校·企业创新人才团队支持计划”扶持下，合作社再次与四川省农业科学院生物技术核技术研究所合作，在安居区建立遂宁524红茗脱毒快繁组培室。四川省农业科学院的专家团队对组培室进行了专业设计，对具体建设工作给予大力支持与指导。遂宁524红茗脱毒快繁组培室建设完成后，专家团队提供技术咨询、技术培训、技术攻关等服务，派出研究员、副研究员共4名专家驻点指导，帮助合作社培养了6名专业脱毒种薯技术人员。

图4-9 专家大院

合作社投入资金120万元，建设组培室。组培室包括三个区域：第一个是样品洗涤区域，第二个是药品配置区域，第三个是脱毒苗培育区域。组培室的成立，促进了脱毒快繁技术的研究与应用。脱毒快繁技术的应用，有助于提升524红茗的品种种性、质量及产量，使每亩地增产20%以上（图4-10、图4-11）。

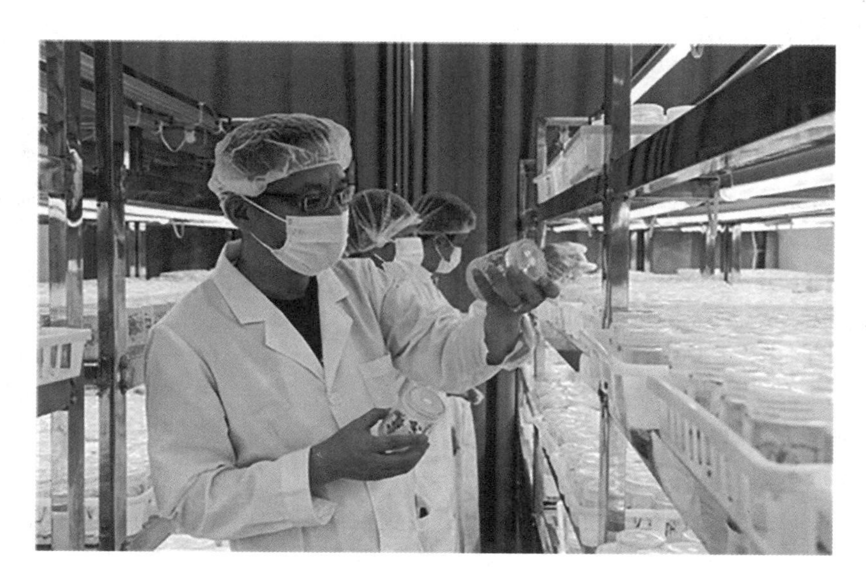

图 4-10　技术人员正在观察脱毒苗情况一

图 4-11　技术人员正在观察脱毒苗情况二

## 案例启示

发展经验：

（1）安居永丰绿色五二四红茗专业合作社利用手中的资源优势发展产业，找到产业发展瓶颈，联合科研院所开展高新技术研发，并将研发成果应用于实际生产，走出了自己的高新技术发展之路。

（2）抓住机遇、利用政策，构建解决问题的模式和机制，培养自己的专业技术人员，高新技术也是可以接地气的。

特别提示：

（1）农业产业种类繁多，产业发展中会遇到各种技术问题，有些是个性问题，有些是共性问题。只有找准问题，才能通过各种渠道找到解决问题的办法。

（2）新型农业经营主体在技术研发过程中，可选择合适的科研团队，依托科研人员的研发力量，加快自身发展。

## 头脑风暴

1. 你所在的农业领域目前面对的技术问题是什么？
2. 你所在的农业领域能开展组培苗繁育工作吗？

线上课堂9

# 单元三　智慧农业

党的十九大报告提出实施乡村振兴战略，开启了加快我国农业农村现代化的新征程。《乡村振兴战略规划（2018—2022 年）》首次建立了乡村振兴指标体系，提出了推动城乡融合发展、加快城乡基础设施互联互通等政策举措。近年来，伴随着互联网等新技术的加速涌现，物联网、云计算、大数据等技术运用到农业生产各环节，智慧农业应运而生。

以物联网为基础的农业生产信息化园区，以及不依靠土、不依靠阳光、不依靠自然空气的植物工厂是智慧农业的典型代表。通过大数据和云计算技术的应用，一块田地的天气、土壤、降水、温度、地理位置等数据自动上传到云端，在云平台上进行处理，处理好的数据发送到智能化的大型农业机械上，指挥农业机械进行精细作业……这样的场景在我国许多农村地区已成为现实。

## 一、智慧农业园区

智慧农业园区是以先进的栽培管理技术和物联网控制技术为依托，开展现代农业种植、智慧农业生产、工厂化种苗繁育、高科技示范展示等项目的现代化农业园区。

### 案例分享

**打造智慧农业超级大棚**
**——眉山市东坡区岷江现代农业示范园区典型做法**

**缘起：**

为擦亮“国家现代农业示范区”金字招牌，眉山市东坡区岷江现代农业示范园区与全球 500 强企业中国建筑材料集团有限公司合作，全套引进荷兰瓦格宁根大学和荷兰道森公司研发的无土栽培技术和智能生产设施，建设智慧农业超级大棚。

**做法与成效：**

岷江现代农业示范园区智慧农业超级大棚（图 4-12）位于岷江现代农业示范园区东坡片区悦兴镇，占地面积 1 283 亩，引进先进农业技术，计划建设 8 个现代化智能连栋温室大棚。

目前，东坡区先期投入 1.5 亿元，启动了占地面积 202 亩、大棚面积 112.8 亩的项目一期工程。

图 4-12　超级大棚外观

**1. “大数据”智能种植**　走进岷江现代农业示范园区东坡片区，约 6 米高的尖顶白色智慧农业大棚很是醒目。走进大棚，一股暖意袭来，一只只熊蜂在棚内飞舞，一株株番茄苗整齐划一地在自动化设备上茁壮成长……远看去，这里就是标准的农业工厂。

大棚内没有土壤，采用无土栽培技术，所有的蔬菜苗生长在插着滴灌设备的椰糠条里，再通过计算机远程控制水肥比进行营养输送。

通过智能化管理系统，在大棚电脑控制室里可以看到大棚内的各项实时环境数据，包括光照、温度、湿度、二氧化碳浓度等。这些数据由分布在大棚内的几十个传感节点采集传输，对作物生长全过程进行智能感知、智能分析、智能决策。对比预设的植物最佳生长参数，智能化管理系统可以自动控制灌溉系统、帘幕系统、迷雾系统开关等，调节大棚内的温、光、水、气等，实现精准化种植、科学化管理、可视化运营。比如，棚内的温度就始终保持在 20～26℃。

智能种植大大减轻了棚内工人的工作量。在黄瓜种植季，工人在大棚内疏果、修剪枝叶等，完全脱离了面朝黄土、背朝天的传统农业劳作模式。

**2. 自然成熟产量增加**　在种植特定品种的番茄时，总收获期可达 9 个月，采摘时全部采用自动化升降设备，成熟期后将达到每株每 2 周 3 串的采摘量。大棚内每平方米番茄产量达 75 千克，是传统大棚种植的5～6 倍，而用水量仅相当于传统种植方式的1/20。一个温室全年番茄产量可达5 000吨以上，产值将在8 000万元以上。

超级大棚通过优化植物生长的温、光、水、气、肥五个必备条件，提高作物产量。以番茄为例，水肥一体化设施会自动按照需要，定制不同的“营养餐”，哪种元素缺乏，系统会自动提醒，并自动调整水肥量，让番茄始终处于最佳生长状态。因此，成熟的番茄，大小、口感、色泽一致，营养成分相同。

大棚顶层不是塑料薄膜，采用的是一种光散射玻璃，透光率非常高。走进大棚里，即便头顶是太阳，但是人也没有影子，这就是特殊玻璃材料的作用。

此外，对于消费者普遍关心的食品安全问题，番茄种植期间，园区依靠从外地空运回的34箱熊蜂在大棚内授粉，完全生物授粉，不使用激素催熟，也不喷洒农药，真正做到即摘即食、绿色无污染。

**3. 智能包装错峰销售** 在大棚旁边，正在建设温室生产服务区，下一步将配套建设智能包装线。建成后，将实现蔬菜、水果摘下来3分钟内可以马上进行智能包装，销往全国各地；或者迅速放入气调库，保证蔬菜、水果的新鲜度和口感。在完善的包装、冷藏和物流体系支持下，园区产出的农产品可以实现错峰销售。

超级大棚除配有冷藏室、智能包装线外，还有展览室等。目前正按AAAA级景区标准规划建设，集参观、展览等功能于一体，促进产业深度融合。

下一步，园区还将建设7个类似的超级大棚，并将建立与荷兰瓦格宁根大学等世界农业一流学院的交流学习常态制度，提升智慧农业水平，打造智能化、集约化、现代化的眉山精品农业生产、观光示范园，建成四川省乃至全国一流的智慧农业产业园。

## 海拔两千米的彝区智慧农业园——涪昭现代农业产业园典型做法

**缘起：**

涪昭现代农业产业园位于四川省凉山州昭觉县四开乡好谷村，目前，6 000米$^2$的智能玻璃温室大棚已经拔地而起，一排排标准化种植大棚整齐排列（图4-13）。

图 4-13　连栋大棚外景

**做法与成效：**

涪昭现代农业产业园是绵阳市涪城区对口帮扶昭觉的重点项目之一，2020 年已分三期建成了 5 000 亩现代农业设施。涪昭现代农业产业园是凉山州面积最大的农业产业园区，通过物联网控制系统可实时监测园区智能温室大棚内的各项环境数据，自动控制保温、通风、供暖等设施，保证作物良好生长。园区的建成，将在凉山州智慧农业方面发挥示范带动作用（图 4-14、图 4-15）。

图 4-14　温室大棚内的叶菜生产

图 4-15 温室大棚内的草莓生产

园区还建设了一批配套设施及用房，包括蔬菜预冷库房、农技培训中心、电商服务中心、双创中心等，还建有智能水肥一体化系统。

项目全部建成并正式运营后，预计年产高山蔬菜、水果 2 500 万斤，将销往成都、重庆、深圳等地。园区年亩均产值将达到 3 万元以上，实现户均年增收 5 000 余元。

## 案例启示

**发展经验：**

(1) 智慧农业为现代农业发展赋能，助力我国农业发展弯道超车。

(2) 在构架上，生产园区和加工园区一体化设计、分步骤实现，形成了一产、二产联动，三产融合发展的现代农业园区发展模式。

**特别提示：**

(1) 智慧农业园区投资较高，回收周期较长。

(2) 智慧农业园区正常运营，需要一大批技术熟练、工作稳定的农业技术人员。

## 头脑风暴

1. 发展种植业，需要收集哪些农业生产数据？

2. 结合现有条件，你该如何用最优成本引进智慧农业设施设备，以实现农业生产智能化？

## 能量加油站

《国务院办公厅关于推进农业高新技术产业示范区建设发展的指导意见》

# 二、植物工厂

植物工厂是通过设施内高精度环境控制，实现农作物周年连续生产的高效农业系统，是利用智能计算机和电子传感系统对植物生长的温度、湿度、光照、二氧化碳浓度以及营养液等环境条件进行自动控制，使设施内植物的生长发育不受或很少受自然条件制约的省力型生产方式。与智慧农业园区比较，植物工厂已经脱离了阳光、土壤和大气，在近乎完全人工创造的环境中种植作物（图 4-16）。

图 4-16　种植者可通过现代监管手段管理植物工厂

2016年6月，中国科学院植物研究所和福建三安集团合资成立的福建省中科生物股份有限公司在福建省泉州市建成了世界上单体面积最大的全人工光型植物工厂，也是我国第一个可以商业化运营的大型植物工厂。2017年8月，福建省中科生物股份有限公司成功实现了我国首栋5 000米$^2$大型中药材全人工光植物工厂的产业化运营，植物工厂金线莲的年产量与福建省金线莲年产量最高的南靖县产量相当。

## 案例分享

### 植物工厂方兴未艾

**缘起：**

植物工厂实现了植物生长完全脱离自然条件的束缚。在植物工厂里生长的蔬菜，所需的光照、温度、湿度和水肥完全是通过人工来调控的。植物工厂的发展与应用，有效助力了现代农业发展。

**做法与成效：**

长治市裕丰农业科技发展股份有限公司打造长治余庄植物工厂，开展种苗研发、生产。该植物工厂拥有3 500米$^2$的产业化植物工厂，主要进行高品质蔬菜、高品质中药材和规模育苗三大类生产，拥有嘅嘅嘴太空蔬菜、汉本品质中药材、根正活力种苗等自主创新的孵化品牌。

植物工厂环境封闭、人工可控，可应对频发的自然灾害和不同地域环境，几乎不受外界气候影响，避免季节、气温和降水等因素发生极端变化导致作物减产、农民利益受损等。

此外，上饶市广信区云田农业有限公司在植物工厂打造方面也成效突出，2018年12月，公司在上饶市郊建造一座1万米$^2$的药用植物工厂，实现金线莲室内多层种植。

该植物工厂每年可产金线莲干品3吨、组培瓶苗40万瓶，种植过程全程不使用农药和激素，与传统仿野生栽培相比，种植周期缩短，金线莲苷含量提高（图4-17）。

图 4-17　室内金线莲多层种植

## 案例分享

### 植物工厂适合种植哪些作物？
### ——福建省中科生物股份有限公司的探索之路

叶菜类蔬菜是植物工厂种植的主要种类。植物工厂内种植的主要有生菜、菠菜、芝麻菜等，这是基于以下几方面原因：首先，叶菜类蔬菜生产周期短，且除根以外的其他器官都能采收，产量高，生产成本低；其次，植物工厂这种新兴产业出现的时间短，研究的品种少，以前的研究多集中在叶菜类蔬菜上，其他作物研究时间短、投入少；最后，生菜或者其他沙拉蔬菜主要用于生食，对口感和卫生清洁要求高，植物工厂凭借水培、人工光和洁净的厂房种植环境，生产的生菜和沙拉蔬菜符合高卫生质量要求。

福建省中科生物股份有限公司经过几年的发展和研究，实现了植物工厂内除了种植叶菜类蔬菜，还能种植花卉、瓜果及药用植物等。

**做法与成效：**

通过对数百种不同植物的筛选，福建省中科生物股份有限公司的研究人员发现，可在植物工厂里生长的植物品类其实非常多。除生菜外，白菜、芥菜、茼蒿、空心菜、荠菜、芹菜、甜菜、羽衣甘蓝、苋菜等数十种品类，都适合在植物工厂生产，并且每种品类能实现商业化栽培的品种很多。根据不同的株型、叶片形态、生长速度、颜色、口感等指标，已选出一些适合植物工厂生产的品种。如白菜类中的大白菜、娃娃菜，产量高、生长快、口感脆甜；芥菜有全红、全绿、叶脉红等品种，还有花叶、皱叶、锯齿、缺刻、圆叶、宽叶、细叶等叶形；苋菜等花青素含量高，营养丰富。

叶菜类中的冰菜也可以在植物工厂中生长（图 4-18）。冰菜又称冰叶日中花，茎叶表面有水晶一般的透明小突起，植物工厂种植的冰菜可以是玫红色的，晶莹剔透，十分美丽。人们在品尝冰菜的美味时，高颜值的菜品也令人赏心悦目。冰菜的叶片和茎中富含多种氨基酸、黄酮类化合物等，这些品性使得以生食为主的冰菜，具有很高的营养价值，成为人们追求饮食时尚的新美食。

图 4-18　冰菜

叶菜类蔬菜也是重要的儿童蔬菜。儿童蔬菜纤维含量低，口感好，口味较淡，营养丰富，且色彩明亮。如营养丰富、叶片肥厚的菠菜，色彩艳丽、营养价值高的红甜菜等，不仅能够满足儿童对蔬菜的营养需求，也能够让孩子们爱上吃蔬菜。

另外，根据各地的饮食习惯生产的各种类型的嫩芽菜，也是重要的叶菜类蔬菜，如用于食用的豆类芽苗菜、萝卜菜苗，适合摆盘、制作沙拉且对外形及口感有较高要求的红脉酸模，具有特殊风味的生蚝叶等（图 4-19）。

图 4-19　嫩芽菜

食用花卉花色艳丽、营养丰富，可观赏、可食用，是装饰高级料理的重要食材。食用花卉的开花量、开花时间、整齐度决定了它的栽培成本，而花朵的大小和品质则影响它的销售价格。植物工厂种植的食用花卉可以通过不同光质照射，调控花期、促进花量增多、控制花的大小，满足市场的不同需求。

瓜果类蔬菜营养丰富，果实中含有丰富的糖类、有机酸、维生素、蛋白质、矿物质等营养物质，对光照、温度和营养条件要求较高。目前，植物工厂主要种植黄瓜、甜椒等（图 4-20、图 4-21）。黄瓜品种以水果型黄瓜为主，瓜味鲜嫩清甜，产量较高。甜椒品种丰富，有圆形、扁圆形、长圆形、尖圆形等果形；红、粉、橙、黄、绿、紫等颜色，色泽诱人，香味浓郁。

图 4-20　丰产的黄瓜

图 4-21 各类甜椒

香料作物凭借引人入胜的芳香气味，逐渐成为植物工厂里的“香饽饽”。植物工厂种植的香料，种类丰富，品相好，干净、鲜嫩，可以满足人们对香料作物的多种需求（图 4-22）。

果树生产与植物工厂联系起来，可能是许多人万万想不到的事情。果树是高效作物，在大田乃至温室设施中栽培，都难以调控果树休眠期。果树休眠与低温需求有关，树种或品种不同，需冷量存在很大差异，需冷量达不到要求时，果树虽然能萌芽生长，但萌芽率低，开花不整齐，坐果率低，甚至出现绝产绝收的现象。而在植物工厂内栽培果树，可以满足不同果树低温需冷量的需求，从而实现果实在任何时间成熟上市。因此，利用植物工厂进行果树种植，为果树产业的发展提供了新的方向。

图 4-22 风味各异的香料植物

药用植物种植已成为植物工厂的新方向。传统药用植物生产过程中，植物易受病虫害困扰，病虫害的防治又导致农药残留高。植物工厂超洁净的空间解决了这一问题，为药用植物的发展提供了新出路。目前，植物工厂以金线莲和米斛种植为主（图 4-23）。

图 4-23　药用植物金线莲

当前，随着药用植物工厂和瓜果、花卉植物工厂的发展，植物工厂的类型越来越多元化。健康发展的植物工厂产业，将会生产出一批批优势作物品种，为消费者提供优质的产品及服务。

## 案例启示

发展经验：

（1）在全人工的环境下，植物的生产得到了全面呵护，生长效率相对较高。

（2）在可控环境内，植物病虫害较少，可实现类似于有机种植模式的生产方式，安全性较高。

特别提示：

（1）成本较高。设备成本高，运营成本也高。植物工厂能解决的痛点主要是全球气候变暖和食品安全问题。产品面对的是高端消费者，但一般都有较大的资本投入和能耗。

（2）客户维系很重要。植物工厂生产的产品，因成本较高，售卖价格也较高。要找到合适的长期稳定客户群，找准合适的产品，这样才能实现长期稳定的生产与销售。

（3）高新技术为传统农业赋能，促进传统农业效率提升，但高新技术是有研发门槛的。自身技术研发能力薄弱的新型农业经营主体，建议采取“走出去、引进来”策略，多向农业科技研发机构学习先进技术，多向农业科技推广较快的区域学习先进技术。

## 头脑风暴

1. 结合自身所在区域的情况谈一谈，若想成立一家以植物工厂为技术支撑的现代农业企业，种植哪类作物、规模控制在什么范围才能够实现盈利。

2. 假如你成立一家植物工厂，什么样的消费者属于你的长期稳定消费群体？

## 想一想

1. 发展农业高新技术并不是空中楼阁，需要从业者不断学习。针对自身所在的新型农业经营主体的实际情况，想一想可以从哪些方面着手，提升自身技术水平。

2. 国家在扶持农业高新技术产业发展方面都有哪些政策，如何申请？

3. 根据就近原则，你所在的新型农业经营主体可以与周围哪些科研院所建立合作？

线上课堂 10

# 模块五

# 机制模式创新型农业新业态

- 了解社区支持农业、众筹农业、定制农业等农业新业态的优势；
- 思考自身所在的新型农业经营主体可以从哪些方面进行机制创新。

社区支持农业、众筹农业、定制农业等农业新业态依托互联网平台，帮助生产者解决产销对接问题、资金短缺问题，在这些业态中，消费者的角色也从单一的消费者转变为参与者，农业的互动性增强。

# 单元一　订单农业

## 一、什么是订单农业

农户种植农产品，常会遇到农产品滞销的问题，这是因为传统的产销模式是先生产、后销售。为解决农产品滞销问题，订单农业横空出世（图 5-1）。

图 5-1　订单农业

订单农业又称合同农业、契约农业，是近年来出现的一种新型农业生产经营模式。订单签订在农产品种养前进行，农户根据订单生产，按约定期限、数量、农产品规格等供货。订单农业是一种期货贸易，所以也叫期货农业。

有人说："手中有订单，种养心不慌。"订单一旦签订，即形成稳定的购销关系。生产者在订单产生后拿到定金，定向生产，以销定产，既可以有效减少盲目性、无目的性、无计划性生产，避免农产品产出后销路不畅，又可以解决一些资金难题，对保障农民利益和满足市场需求十分有利。

## 二、订单农业的类别

订单农业按照客户类型的不同可以分为以下六种：

**1. 农户、合作社与消费者个人签订订单** 这种订单农业适合生态种植、有机种植、绿色种植。现在消费者对农产品质量安全的期望很高，农户、合作社可以利用线上资源，提供农产品私人定制服务，让消费者通过认购的方式提前下订单，农产品生产完成后再通过快递等方式送到消费者手中。

**2. 农户、合作社与农业科学院等科研机构签订订单** 这种订单农业带有一定的科研性质，通过良种和先进的技术提高种植收益。以河北省邯郸市曲周县东刘庄棉麦双丰基地为例，种子、农药、化肥等农资都是由当地农业科学院提供的，合作社人员经过农业科学院技术培训，合作社所要做的就是在种植过程中收集相关的数据为科研服务。采用这种方式，不仅大大降低了生产成本，也提高了农户的技能和种植收益。

**3. 农户、合作社与龙头企业或者加工厂签订产销合同** 农产品加工率越高，其附加值就越高。一般在农产品聚集的产区，当地政府会引进相关加工企业，形成一条龙式产业链条。农户、合作社与企业签订合同，成为企业加工所需原材料供应商，并按照企业要求进行生产。通过订单的方式聚合资源，延伸和融合产业链，不仅可以提高农产品的附加值，而且使农户和企业双方的收益都大大提高。

**4. 农户、合作社与批发市场签订产销合同** 农户、合作社与批发市场签订合同，农户、合作社生产的农产品直接销往批发市场。一般来说，品牌农产品上市前，相关经营主体会到各地举行产品推介会，很多批发市场订单就是在推介会现场进行签订的。

**5. 农户、合作社与专业协会签订产销合同** 为了对抗风险、维护共同利益，多个同类的加工企业往往会成立相应的协会。农户、合作社与协会签订产销合同，按照协会的要求生产相应的产品，协会按照订单收购产品。

**6. 农户、合作社与经销公司、经纪人、客商签订产销合同** 农户、合作社可以与流通企业签订产销合同，经销公司、经纪人、客商拥有的庞大的销售网络有助于农产品效益提升，有助于规模化种植、养殖的发展。

## 三、订单农业的特点

订单农业具有市场性、契约性、预期性和风险性等四大特点。订单中规定的农产品收购数量、质量和最低保护价，具有相应的约束力，不能单方面毁约，产销双方享有相应的权利和义务。

### 案例分享

#### 淄博荒土地农业科技有限公司典型做法

**缘起：**

山东省淄博市高青县的孙朝霞，积极投身“三农”事业，注册成立了淄博荒土地农业科技有限公司、山东溪悦旅游开发有限公司和荒土地瓜果蔬菜种植专业合作社，以“公司＋合作社＋农户”形式和“农业＋旅游”模式进行规模化运营。基地从最初90亩的示范园发展到农业订单种植3.68万亩，带动种植农户2 700户，户均年增收2 836元，得到了广大农户的认可。孙朝霞的公司和合作社先后被评为山东省巾帼现代农业示范基地、山东省农民合作社省级示范社。

**做法与成效：**

孙朝霞积极学习种植技术，并将所学知识活学活用。为了响应国家政策号召，她深入推进农业产业化进程，引导农民通过订单农业实现产、供、销一体化发展，让订单种植带动更多的农民走上规范化、集约化、产业化合作之路。从最初的90亩优质麦试验示范田做起，从耕种技术示范到产业销售模式，她带领合作社社员及百余名村民进行实践。她还自费带领社员前往优质麦订单种植的上游公司进行实地考察和学习，通过走出去的方式，合作社社员开阔了眼界、改变了传统种植观念、掌握了新型农业管理模式和技术。通过不断学习，她制订了一套成熟的优质麦引、种、销方案，加强引进优良品种，科学种植，统一销售，在整个种植过程中为社员做好产前、产中、产后技术指导服务。农资采购过程中她严格把关，带领社员到各农资生产企业进行实地考察，与知名品牌农资企业签约。农资的统一采购保障了农资的品质，同时也大大节省了流通环节产生的费用，节约了种植成本。为了进行科学管理，合作社统一进行耕、种、收。孙朝霞整合广大农户资源，鼓励社员以农业机械和设备入社，合作社统一调控机械作业、统一调度农机设备、统一收割储存、统一订单销售，每亩地累计节省生产成本 90 元。

通过签订种植合同，合作社与社员的权责利得到了明确，形成互相协助、互相制约的利益联结关系。孙朝霞以统引、统耕、统播、统收、统销“五统一”模式，保障了粮食安全，大大提高了农民收入。

## “订”出来的致富路

**缘起：**

湖北的谢松良曾在互联网行业从业 10 余年。为实现心中的农业梦，2012 年他放弃高薪，踌躇满志，涉足农业。然而现实并非一帆风顺，田间管理方法的缺失、技术的瓶颈以及天灾病害等一系列难题接踵而至，加上毫无章程的盲种盲销令谢松良寸步难行。

几经失败后，谢松良总结经验教训，决定发挥自身在互联网行业打拼过的优势，在互联网上找资源，然后整合资源，进而构架出一套完整的营销服务体系——以网络运营为引擎，打通种植端与销售端，发展互联网订单农业，即先找订单，然后再种植，形成从订单倒推到生产的销产模式。

**做法与成效：**

互联网订单农业发展成效显著，谢松良的马铃薯还没有种下去，就跑来了订单——为宜昌北山超市供应马铃薯。销路有了保障，谢松良把心思放到田里。用什么品种？什么时候施肥？施多少？怎么施？从一步步摸索到形成规范的技术流程，谢松良整整花了 4 年时间。订单越来越多，这就需要大量的基地供货。考虑到资金管理等一系列压力，他没有扩大基地，而是“曲线救国”，采取“公司＋农户”的发展模式。2016 年，他与德鲜蔬菜专业合作社共同投资成立了湖北农知鲜农业有限公司。湖北农知鲜农业有限公司将自身定位为中间商角色，灵活利用手中的数据，将种植端与销售端资源整合。线上借助互联网平台为农户引进订单销售渠道，线下采取全方位“保姆式”服务，打造产前农资供应保障、产中农技服务保证、产后保底收购的全方位服务系统，让农民踏踏实实、安安心心种田，形成产供销一条龙、贸工农一体化的良性循环，推进产业的可持续发展。

订单农业模式下，公司与种植户签订订单协议，以低于市场价的价格向种植户供应优质种子、种苗以及肥料等生产物资，产中实行技术指导，产后采用保底价收购，确保种植户不亏本。

短短几年时间，谢松良除了在湖北，还在广东、广西、湖南、河南、山东、内蒙古等省份建立了种植基地，种植面积达3万亩。

为了让马铃薯交易更加方便，谢松良开发了一款供销App——找土豆，专门提供在线购买、在线支付、种植合作、采购管理等一站式服务。湖北农知鲜农业有限公司搭建了集农产品销售、农业技术、农机服务于一体的互联网综合信息服务平台，今后将结合高校自主研发技术、金融衍生品、便捷高效物流模式，为下游农户提供优质服务。

## 案例启示

发展经验：

互联网订单农业模式可以扩大农产品销售半径，增加农产品销量，提升农产品交易速度，在促进农产品规模化、标准化、品牌化生产方面起到重要作用，能有效缓解农产品产销信息不对称的问题。

特别提示：

（1）农业发展面临多重风险，订单农业除面临农业基本风险外，还面临交易双方违约风险。发展订单农业，首先要规范合同订立行为。

（2）发展好订单农业，除了用好互联网平台，还要进一步解决好农民组织化问题，让农产品生产和市场实现良好对接。订单农业模式需要在实践中不断调整和优化，才能走得更远。

## 想一想

1. 结合你的实际，谈谈你对订单农业的看法。
2. 如何开启你的订单农业之路？

# 单元二　社区支持农业

## 一、什么是社区支持农业

社区支持农业（Community Support Agriculture，CSA），是指社区把对农产品品质有较高要求的居民组织起来，与农场对接达成协议，农场对农产品生产做出承诺，社区保证消费，形成相互支持、共担风险、共享农产品收益的模式。社区支持农业的发展运行，使农场成为社区的农场，社区居民通过预付款加入农业成为会员，农场按照事先约定组织生产。待到农产品收获时，农场为社区居民定期配送或社区居民到农场现场采摘，实现社区居民与农场互惠互利、双方共赢（图 5-2）。

社区支持农业具有中间环节少、成本低等优点，在促进农产品安全生产、减少农业生产环境污染、增加农民收入、拓展农村发展空间等多方面发挥着积极作用。

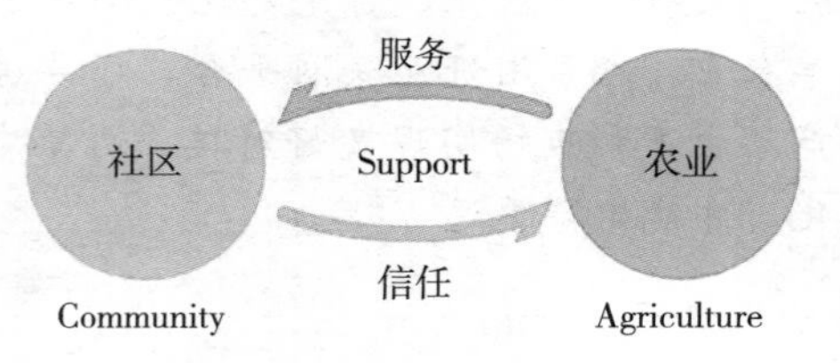


图 5-2　社区支持农业

## 二、社区支持农业的特点

从一定意义上说，社区支持农业是订单农业的延伸。在社区支持农业模式中，订单的指向非常明确，定点社区的消费者组团和新型农业经营主体签订长期、优质农产品供应合同。

社区支持农业模式中没有中间商，可恢复农民和消费者之间的友好关系。社区支持农业模式的重要原则是农民在生态、安全的农业系统中生产健康安全农产品，消费者作为“股东”，要承担生产耕作中可能出现的风险，比如自然灾害等。

## 案例分享

### 武汉家事易农业科技有限公司的社区支持农业模式探索

**缘起：**

武汉家事易农业科技有限公司成立于2010年9月，从事生鲜农产品电子商务。

供应链流通环节多、链条长、一体化程度弱等因素，直接导致生鲜农产品生产经营成本上升、品质下降等。为了解决这一问题，武汉家事易农业科技有限公司积极构建新的生鲜农产品供应链模式，缩短供应链。公司立足于家庭生鲜农产品供应，利用现代化的信息手段，首创电子菜箱这一无人交付式物流体系，打造现代化的农产品流通供应链，探索出低成本、高效率的创新型生鲜农产品社区支持农业模式。

**做法与成效：**

武汉家事易农业科技有限公司的运营方式为：以生鲜农产品为对象，依托物联网技术，采用智能储鲜式交付系统，达到农业生产基地、生鲜配送中心、智能储鲜柜（电子菜箱）的互联互通，通过对物流、资金流和信息流的全程控制以及社区消费者的全程参与，实现订单生产、订单销售（图5-3）。其主要特点如下：

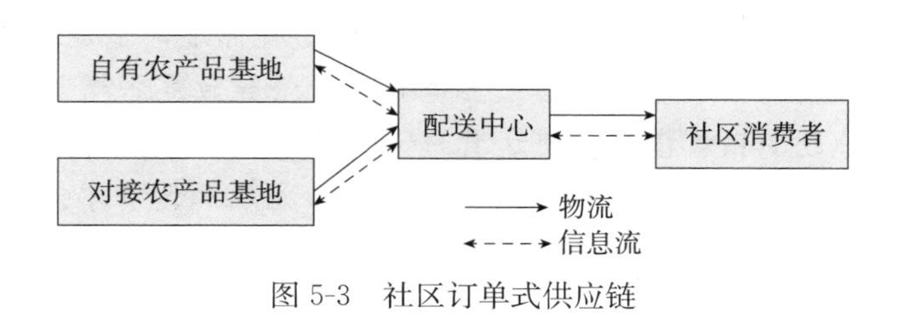


图5-3　社区订单式供应链

**1. 供应链较短，中间环节较少** 经营者自有基地或对接基地将生鲜农产品直接运送到配送中心，配送中心进行挑选、清洗、包装，并根据订单将生鲜农产品运送到社区智能生鲜便民柜。社区消费者通过刷用户卡、输入密码或远程开箱等方式就近领取农产品。此种供应链模式省去较多的中间环节，供应链较短，农产品损耗少，交易成本较低。

**2. 链上结构较稳定，一体化程度较高** 通过自有农产品基地和对接农产品基地专供方式，形成集农产品种植和采摘、分拣和加工、仓储和配送于一体的产业链，基地按照事先签订的订单进行生产，并按照约定的价格出售给经营者。经营者以B2C电子商务平台为核心，构建农产品流通平台，建立网上生鲜市场。消费者轻点鼠标或电话订购，专业配送人员即可根据订单将农产品配送到社区智能生鲜便民柜。这样就实现了生产者、销售者及消费者利益一体化，使得供应链结构较稳定。

**3. 信息双向流动** 配送中心可根据消费者的订单及网上留言了解消费者的需求，消费者可全程参与，了解到生鲜农产品的质量安全信息。农产品信息流在供需方之间双向传递，供需双方信息对称，各参与方的利益均可得到保证，形成良性循环。

但遗憾的是，经营一段时间后，因亏损严重，武汉家事易农业科技有限公司停止了这一模式的运营。

公司亏损的主要原因如下：一是消费主体定位存在问题。公司的消费群瞄准三类人群，即腿脚不便的老人、带小孩的妈妈，以及没空去菜市场的年轻白领。但真正的电子商务消费人群是18～45岁的中青年。老人是农副产品最大的消费群体，但老人网络购物少，喜欢到菜市场购买农产品。二是没有建立农产品退换货标准。比如一棵大白菜，其中有一小片叶子稍微发黄，客户要求退货，到底退不退？因为没有标准，造成退货率较高，这也是公司亏损的一个重要原因。三是盲目扩张导致成本增加，为控制成本又想当然地改变销售模式，使运营进入恶性循环。刚开始时，用户订单满10元就提供配送，大概一年后，改为满69元或加运费才提供配送，导致客户流失了很多。

## 案例启示

发展经验：

餐桌安全不但关乎老百姓身体健康和生命安全，关乎农业农村经济可持续发展和全面建成小康社会目标的实现，也是困扰全世界的一个紧迫性问题。社区支持农业强调生产者和消费者直接建立信任关系，减少中间环节，让消费者了解生产者，同时双方共担农业生产中的风险，共享健康生产给双方带来的收益。

特别提示：

（1）注意技术与管理问题。社区支持农业的关键是为会员提供生态种养农产品或者有机农产品。因此，如何提高生产管理能力，生产出符合标准的农产品就成为社区支持农业发展的核心。实现基于互联网的社区支持农业，要求经营公司具备发展绿色农业、有机农业，开展农产品电子商务，提供物流配送等方面的实力，管理水平高。

（2）注意信任问题。农产品信任问题是时下农业经营的关键点，也是提升社区消费者黏性的重要因素。可利用“线上+线下”方式加强会员与农产品生产基地的交流与互信，提高消费者对农产品的信任度。

（3）配送成本问题。如果会员数量少，配送成本必然增加，因此发展社区支持农业，要想办法拥有一定数量的会员。

## 头脑风暴

1. 你具备发展社区支持农业的技术与能力吗？
2. 发展社区支持农业，还需要注意哪些问题？

# 单元三　众筹农业

## 一、什么是众筹农业

众筹农业是以互联网为信息交流、产品交易平台，由消费者众筹资金，农户根据订单决定生产，并将农产品直接送到消费者手中的一种新业态。

近年来，一些具有资源禀赋、农业产业发展潜力、农民收入水平较低的地区，引入众筹农业模式。具体包括以下四种模式：一是农产品预售众筹模式。比如，江西资溪一亩茶园有限公司，通过智慧农业为“一亩茶园”插上转型腾飞翅膀。二是农业技术众筹模式。比如，山东寿光市菜农之家蔬菜专业合作联合社，通过“互联网+”让寿光蔬菜产业提档升级。三是农业股权众筹模式。比如，北京农信通科技有限责任公司，通过“聚农宝”构建可视化可追溯众筹平台。四是公益众筹模式。比如，黑龙江金农信息技术有限公司，打造金农网服务农业全产业链。这些模式做到“三筹”（筹钱、筹人、筹资源），实现了资源共享、优势互补、共同发展。

## 二、众筹的规则

**1. 设定好筹资目标金额和筹资天数**　一是筹资目标金额要合理。目标金额的设置需要将生产、劳务、包装和物流运输等成本考虑在内，再结合项目实际情况，设置一个合理的目标。

二是筹资天数要恰到好处。众筹的筹资天数应该长到足以形成声势，又短到给未来的投资者带来信心。在国内外众筹网站上，筹资天数为30天的项目最容易成功。

**2. 筹资的成功与失败**　在设定天数内，达到或者超过目标金额，项目即成功，发起人可获得资金；如果项目筹资失败，那么已获资金全部退还给支持者。

**3. 设置好回报** 要注意，众筹不是捐款，支持者的所有支持一定要设有相应的回报。

一是众筹项目不能够以股权或是资金作为回报，项目发起人不能向支持者许诺任何资金上的收益，必须是以实物、服务或者媒体内容等作为回报。

二是对支持者的回报要尽可能价值最大化，并与项目成品或者衍生品相匹配，而且应该有 3～5 种不同的回报形式供支持者选择。

三是支持者对一个项目的支持属于购买行为，而不是投资行为。

**4. 定期更新信息** 定期进行信息更新，从而推进支持者进一步参与项目，并鼓励支持者向其他潜在支持者介绍你的项目。

**5. 鸣谢支持者** 这点很重要但容易被忽视。务必给支持者发送电子邮件表示感谢或在你的个人页面中公开答谢支持者，让支持者有被重视的感觉，增强支持者的参与感。

## 三、众筹农业有关政策

近年来，围绕农村一二三产业融合发展，国家注重加强众筹农业研究，推动众筹农业等新产业新业态新模式发展。2015 年，国务院办公厅印发《关于发展众创空间推进大众创新创业的指导意见》和《关于推进农村一二三产业融合发展的指导意见》，提出开展互联网股权众筹融资试点，积极探索农产品个性化定制服务、会展农业、农业众筹等新型业态。

2016 年和 2018 年，国务院先后印发《推进普惠金融健康发展规划（2016—2020 年）》和《关于推动创新创业高质量发展打造“双创”升级版的意见》，提出发挥股权众筹融资平台对大众创业、万众创新的支持作用，发挥众创、众筹、众包和虚拟创新创业社区等多种创新创业模式的作用。

在政策支持下，一些农业生产经营主体抓住机遇，尝试发展众筹农业，在创新中发展自己、提升农业。比如，2018 年，四川省南充市阆中市的黄金以“销售自己亲手种植的无花果”为项目内容，在众筹平台开启了自己人生中的第一次众筹。最初，他将众筹目标金额设为 3 万元，令他意想不到的是，不到 30 分钟就已筹到 5 000 元，不到 3 天时间就筹到 3 万元，黄金感到既震惊又震撼，原来网络上有这么多人愿意相信他、支持他。后来他又在众筹平台上进行了好几次众筹，2018 年当年最终筹得近 10 万元。通过这一方式，黄金种植的无花果销售一空（图 5-4）。

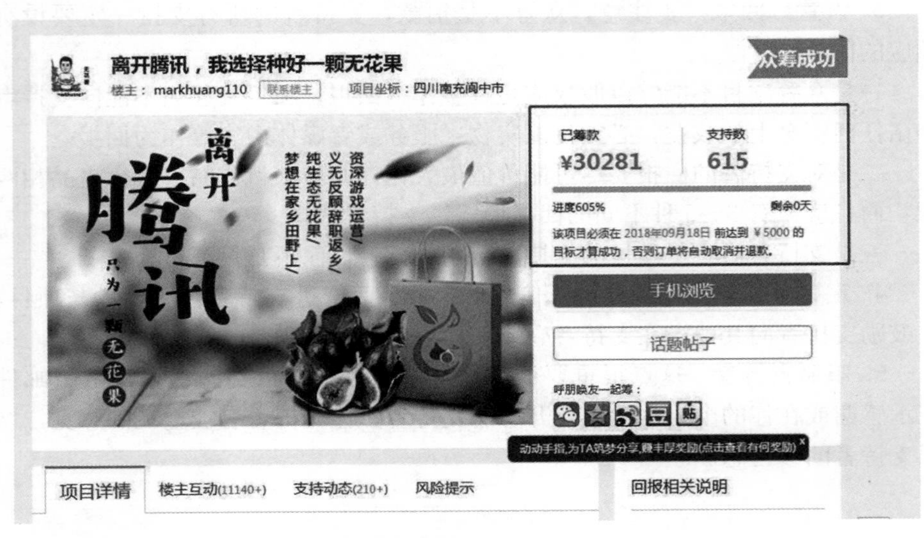


图 5-4　众筹农业

## 众筹农业典型平台

**1. 大家种网**　以产品回报的方式进行众筹，主要是接入北京周边农场的有机产品，用户可以通过预先众筹的方式预订所需产品。众筹完成后，农场才开始种植。大家种众筹平台要求农场公布生产过程中的重要节点照片、视频，自发组建监督组织，设置24小时监控摄像头等。

**2. 耕地宝**　是阿里巴巴集团推出的互联网私人定制农场，具体模式为农场主推荐自己的农场，城里用户认种农场，双方签订协议，农场通过一些技术手段保证农产品的质量。耕地宝是权益性农业众筹，利用互联网思维经营农业，充分发挥电子商务对生产要素的聚合作用，扩大农业投资。

**3. 有机有利众筹平台**　有机有利是一个专门做有机食品预售和生态农产品众筹的网站，具体模式为农场直接以批发价格发起预售，消费者以众筹方式参与支持。

## 案例分享

### 广西南宁桂柑果业科技发展有限公司的众筹农业探索

**缘起：**

广西的黄立祝曾是一名乡镇农技站技术员，怀着“三农”情怀，于2006年1月流转了23亩土地，并创建了自己的第一个农业基地，主要从事无公害蔬菜种植与销售，并兼顾新技术和新型安全农资推广。2015年4月，黄立祝成立了广西南宁桂柑果业科技发展有限公司。

**做法与成效：**

2014年，经过多年的从业历练与经验总结，黄立祝发现柑橘产业在广西的发展前景广阔，于是及时调整了创业发展思路。广西南宁的气候、区位及地理等条件，非常适合发展高品质柑橘产业。同时，全国各地传统的柑橘生产老区由于黄龙病问题，种植面积正在减少。随着人们消费结构的优化，肉类消费趋缓、水果需求旺盛。面积的一加一减、需求的一增一减，正是发展柑橘的良好机遇。

2015年，众筹投资在很多行业取得了成功，由于农业投资回报周期长、市场风险大、自然灾害多等不确定因素的制约，在农业方面的众筹投资例子很少。黄立祝决定自己带头先干，经过多次到中国农业科学院柑桔研究所等专业科技部门请教，请专家指导柑橘发展的方向、技术及品种，最终选定柑橘新品种——沃柑！黄立祝一边整合现有的农业资产，一边筹集自有资金与制订柑橘种植众筹方案。之后，通过微信、座谈、说明会等方式，向亲朋好友们介绍种植和销售沃柑的市场前景。短短两个月，就有三十多个人报名参与黄立祝的众筹项目，资金达1 000多万元。项目启动后一炮打响，最终建成了5 000亩沃柑生产基地。

## 案例启示

**发展经验：**

（1）众筹农业项目可以为消费者提供自主选择农产品生产地、生产方式和生产时间的平台，消费者可根据需要自由地参与生产环节，体验生产，同时实现对农产品安全生产的监督，达到管控农产品生产过程的目的。

(2) 农业产业发展最大的阻碍是资金问题。众筹农业通过互联网平台向广大民众筹集预订资金，这种类似于农产品预售的农业发展模式，能够为中小型农业企业或农户提供资金，在一定程度上可以解决生产者的资金问题。与传统的农业融资模式相比，众筹农业通过互联网模式筹资，融资速度快，投资群体基数庞大，能够在短时间内筹集到不少资金，而且融资门槛低，即使收入不高的投资者也可接受。

(3) 众筹农业采取农场到家庭的直供营销模式，农产品成熟后可直接从产地配送到消费者手中，摒弃传统农产品流通中的烦琐环节，省去中间环节产销地批发商、零售商等的获利，农产品供应链的缩短避免了流转造成的加价，同时保持了产品新鲜度。

(4) 众筹农业根据销量规划生产，提前锁定市场，实现生产者、消费者双方信息对称，供求关系稳定，大大降低农产品库存风险，增强了农产品生产者对农业不确定性、滞后性的抵御能力。

**特别提示：**

(1) 众筹农业的投资收益以农产品为主要形式，项目发起人在订单农产品生产过程中，因自然不可控因素造成产量、质量损失时，需要赔偿投资者兼消费者的亏损。

(2) 众筹农业不论具体采用哪种形式，基本上都是以投资者兼消费者预先支付资金为运作前提。众筹平台虽然会采取某些措施以保障投资者利益免受损害，但实际效果有限。在众筹农业的整个链条中，投资者兼消费者所面临的风险是项目方由于项目运作失败而带来的金融风险。而众筹农业投资周期长，也容易导致项目发起人在众筹过程中陷入资金链断裂的困境。

(3) 目前，对于众筹平台的监管机制有待健全，在进行众筹投资的时候，要擦亮双眼，理性投资。

## 头脑风暴

1. 如何规划一个众筹农业项目？
2. 如何确保众筹农业项目的成功？

# 单元四 定制农业

## 一、什么是定制农业

定制农业是指依照消费者的个性化要求，组织开展农产品订单式生产，开展农业服务全程个性化定制的生产经营模式。

定制农业以绿色、有机农产品为载体，用会员制拓展用户，是一项顺应新需求的农业模式，正成为高端消费者的时尚新宠。定制农业的卖点并不只有农产品，还可吸引城里人前来体验、观光、消费。定制农业与旅游、养老、文化等产业深度融合，是今后的一个重要发展方向。

定制农业的主要模式包括定制种养、委托种养、会员制农业、认养认种、农社对接、众筹种养等。

## 二、定制农业的优点

（1）满足消费者对农产品的个性化需求。

（2）产品价格高、效益好。对于此种方式生产的农产品，消费者往往愿意支付比普通农产品更高的价格，生产经营者进而可以获得更多的经济收益。消费者购买的不仅是农产品本身，还购买了生产者提供的服务。

（3）解决了销售问题。定制农业的产品生产方式是消费需求与农业生产直接对接，不存在“难买”“难卖”问题，吃什么种什么，可有效规避市场风险，与规模化农产品生产形成良好互补。以消费为核心的定制农业，正在开启对传统农业产业链的整体性、系统性、颠覆性再造。

## 三、定制农业带来的新变化

**1. 种植透明化，保障食品安全** 消费者可全程监督自己的"一亩三分地"，追踪农产品种植全过程，解决了传统农业不透明的行业痛点。

**2. 农产品不愁卖，直接连接消费者** 定制农业让消费者和生产者直接建立联系，双方签订合同，实现从田间到餐桌的无缝对接，滞销卖难的风险大大降低。同时，去掉了中间环节，农民的收益得到显著提升。

**3. 风险共担，利益共享** 在农民种地之前，消费者需要预先支付定金，农民按需生产，如果在生产过程中因自然风险发生减产绝收的情况，定金并不退还。在这种合作形式下，消费者收获的是放心优质的农产品，农民吃下了先拿钱、再生产的定心丸。

**4. 促进一二三产业融合，增加收入来源** 定制农业把城市居民作为目标客户，以体验、互动项目为卖点，将特色农产品、旅游景点、风情民宿进行整合包装，再打包销售，推动了一二三产业的深度融合。

在具体实践中，一颗认养是定制农业的成功案例。一颗认养打造了一个生态农业在线直播认领平台，通过直播＋认领＋溯源＋小视频的形式，改变传统农业销售模式，向认养者提供售前、售后服务。一颗认养全天 24 小时在线直播，展示农产品生长过程。若认养者认养了家禽，还可以指定管家给家禽开小灶，定制喂养。若是认养了果树或者菜园，也可以让管家在果树上或菜园里挂牌，写上给果树或者菜园起的名字，再加上一段对未来的美好寄语（图 5-5）。

图 5-5　一颗认养

## 案例分享

### 定制农业实践探索之红花

**缘起：**

定制农业模式下，种植更精细、更精准对接消费者。消费者可以根据需求决定农场种植品种，还可以体验生产过程。如今，定制农业正从无到有，从概念走向小众消费，并有逐渐流行趋势。

**做法与成效：**

**1. 私人定制** 山西省长治市华日泰城市私人农场位于长治市郊，紧邻长治机场与高速公路，距市中心15分钟车程，区位优势明显。2015年，农场对拥有的35.13公顷的土地进行统一规划建设，建有私人农田、温室大棚、养殖园、牧场、多功能活动区及农业科技研发中心等。农场开辟了私人定制业务，采用“合伙人制+众筹制”的主流创业模式，消费者最低投入998元即可定制属于自己的私人农场。农场为租客提供基础服务、半托管服务、全托管服务等三种服务套餐，还推出各项自选订制套餐。消费者通过参加众筹、定制套餐等方式获得农场土地的使用权，可自己到农场种植果蔬，也可通过半托管、全托管服务方式由农场方代为生产管理，消费者可远程监管农场的生产活动，以保证获得健康安全的绿色农产品。另外，租赁的农场土地还可转租，既解决了家庭时蔬的供应问题，还可为消费者带来良好的经济效益。

**2. 果树认养** 甘肃省张掖市临泽县为破解农产品销售难题，进行农业供给侧结构性改革，培育新型农业经营主体，实行会员制销售、农产品众筹、电子商务等农业经营新模式，取得了良好成效。当地的水果种植合作社利用微信等社交工具，提前发布果树认养信息。每年新年伊始，消费者预先交纳定金，以议定的价格认养1棵果树。合作社与消费者签订协议后，负责果树日常管理，果实成熟后合作社便负责采摘、打包，将果实配送给消费者。消费者也可自己赴果园采摘，享受收获、亲近大自然的乐趣。山西省晋中市榆次区庄子乡牛村的200公顷果园，果树全部交由客户领养。领养人每年出资1 180元即可领养1棵果树，拥有该果树起名权，拥有配有专属标志的私人定制卡。领养人可通过网络视频远程观看果农管理及果树生长情况，逢节假日、休息日可到果园游览并参与果树管理，收获季节还可邀请亲朋好友到果园采摘果实。栽培过程中，果农严格按照有机农产品生产标准，产出的每个果实均能追溯到具体的植株和生产管理人员。依托果树认养模式，果农在生产前期即年初可收到消费者交纳的定金，有效解决了缺乏生产资金的问题，同时基于订单协议，果农生产的水果不愁销路，生产效益得到了有效保障。

**3. 云平台定制农业** 2020 年 3 月，云南宣威火腿集团打造了一个线上线下一体化服务的平台——云农民。云农民采用会员定制农业模式，由云南宣威火腿集团与养殖户签订乌金猪认养协议，会员通过平台线上认购养猪，由平台精准投放给农户代养。会员可随时到农户家探视自己的小猪，亲自体验饲养乐趣。除大力推广生猪认养外，云农民还重点供应安全可溯源的优质猪肉、猪油、宣字火腿系列产品，以及其他特色农副产品等。从事生产的农户依托该平台，可将特色农产品品质优势转化为市场竞争优势，形成产业链与规模效应，促进产品走向全国乃至国际市场，提高自身收益。

## 定制农业实践探索之苦涩

**缘起：**

在实际运营中，发展定制农业失败的案例也不少，值得引起重视。某农场距离当地主城区 7 千米，农场占地面积 30 亩，种有柑橘、李子、蔬菜各 10 亩。该农场发展定制农业，却损失惨重。

**做法与成效：**

农场采用“自销+认养”模式开展柑橘和李子种植。认养费为每年一棵树 100 元，每年保证自提果实 30 斤以上。剩余未认养树由农场自销。农场采取共享菜地模式，认购者可以根据自己的需求种植蔬菜，日常由当地农民提供代管服务。认购者用手机就能随时关注蔬菜的生长情况，还可以到自己的菜地里体验农事劳作。

农场主本身拥有一定的客户资源，正式营业一个月以后，共享菜地即全部认购完毕，柑橘树和李子树认养超过一半。第一个月营业收入已覆盖预期的全年运营成本，收回了部分建设成本。

随着第一个月的热闹期过去，问题慢慢浮现出来了。首先出现问题的是共享菜地，主要问题包括：一是日常管护难度大，不同消费者之间需求差异大，种植的蔬菜品种各式各样，个别消费者选择了全部种子（种苗）品种，数量分布极其不均匀，个别蔬菜品种只种了 10 株左右，品种繁多且分布不均，不同品种之间种植规律不同，要保证消费满意度，劳动力成本大大增加。二是消费者种植和管护水平参差不齐，大部分消费者不具备农业基础知识，即使在工人指导下，种植的蔬菜也难以成活。消费者自己种植的蔬菜质量不达标，消费者走后，农场还需立刻安排工人复查消费者种植情况，大部分地块需要另外投入人工进行复种，对部分损坏种苗进行更换，又增加了成本。三是不同的消费者对农药的态度不一，由于不具备科学的植保知识，大部分消费者坚决不用任何农药，导致病虫草害频发且难以控制。

农场的果树认养到中后期也出现了问题，主要原因是农场工人的种植水平不高，加上当年气候原因，水果品质达不到客户要求，客户体验较差。

最终农场在坚持两年以后，不得不亏损关闭。

## 案例启示

**发展经验：**

（1）发展定制农业，有利于建立农产品产销对接服务体系，提高产品档次和附加值，拓展增收空间。

（2）在定制农业催化下，传统农业流程链条被重新排序：消费者前移，可亲自参与生产过程，吃到放心菜；生产者后移，可依据市场需求精准组织生产，不种多余粮。

**特别提示：**

应注重农产品质量追溯，建议利用二维码的方式，记录农业生产全过程，让消费者买得放心、吃得放心。同时，由于定制农业要满足消费者个性化、高端化需求，对农场经营者的种养技能和管理水平要求相对较高，农场主需要不断学习，提升相关技能。

## 头脑风暴

1. 你的农场更适合采用哪种产销对接方式？
2. 采用哪些方式可以增加用户黏性？

## 能量加油站

《农业农村部办公厅关于开展全国农业科技现代化先行县共建工作的通知》

## 想一想

1. 机制模式创新多体现在服务方式上的创新。如何开展市场调研，真正做到把握市场需求，创建新机制，提升农产品销量，实现较高的社会效益和经济效益？

2. 服务模式创新是机制创新的重要表现形式，要把服务做到客户心里。那么，你可以从哪些方面提升服务能力？

线上课堂 11

# 主要参考文献

常庆欣．坚持新发展理念 引领乡村振兴［EB/OL］．（2020-05-07）［2021-08-05］. http：//views. ce. cn/view/ent/202005/07/t20200507_34850065. shtml.

董兴生．从绵竹年画村走出来的“年画产业”［EB/OL］．（2018-04-18）［2021-08-07］. https：//baijiahao. baidu. com/s? id=1598091650361839107&wfr=spider&for=pc.

杜佳晨．大数据下的契约，点燃产业链新动能：以农知鲜为例剖析订单农业［J］．长江蔬菜，2019（10）：6-7.

范仲毅．农业经理人［J］．成才与就业，2019（6）：72.

郭洪兴．四川战旗村：如何成为全国乡村振兴样本?［EB/OL］．（2019-03-20）［2021-08-06］. http：//m. haiwainet. cn/middle/3543197/2019/0320/content_31520100_1. html.

何盛明．财经大辞典［M］．北京：中国财政经济出版社，1990.

李道亮．无人农场：未来农业的新模式［M］．北京：机械工业出版社，2020.

李书华，王艳晓．我国农产品加工业的发展现状、存在问题及对策简析［J］．现代农机，2021（3）：14-15.

李伟民．农业众筹助推新农业产业经济创新［EB/OL］．（2019-01-13）［2021-08-06］. http：//country. cnr. cn/mantan/20190113/t20190113_524480733. shtml.

李先山，胡天让．物联网技术在农业温室大棚中的应用［J］．现代农机，2021（2）：35-36.

李瑶，黄麟其，王瑞，等．成渝地区线上线下相结合规模最大，配套最齐！资中这个基地即将投入试运营［EB/OL］．（2021-03-02）［2021-05-07］．https：//www. sohu. com/a/453625245_120055010.

李远东．我国农业生产经营组织形式变革的实现途径探析［J］．经济经纬，2009（5）：113-116.

卢成．这个国字号名单中有个村，叫绵竹年画村！［EB/OL］．（2019-07-17）［2021-08-07］. https：//baijiahao. baidu. com/s? id=16393066131 96226135&wfr=spider&for=pc.

前瞻产业研究院．我国农业新业态发展形势分析［EB/OL］．（2018-09-25）［2021-08-07］. https：//f. qianzhan. com/xiandainongye/detail/180925-1e5dc73a. html.

邵明亮．广汉有个“农机超市”，向农民兄弟提供一站式种粮服务：聚焦四川家庭农场和农民合作社高质量发展①［EB/OL］．（2020-09-10）［2021-08-07］．https：//baijiahao. baidu. com/s?id=1677433537335295443&wfr=spider&for=pc.

四川省家庭农场发展创业联盟．创新经营结硕果，带动乡邻共致富：达州市达川区芬芳家庭农场［EB/OL］.（2021-06-08）［2021-08-07］．https：//mp. weixin. qq. com/s/Vzs2z8t _ zvcX7We8tpUhSw.

四川省家庭农场发展创业联盟．从田间到直播间 广汉高坪农场主“触网”直播带货［EB/OL］.(2020-12-31)［2021-05-07］. https：//mp. weixin. qq. com/s/6QU6ki035 GeJBGlnn9i5hA.

四川省家庭农场发展创业联盟．同样的农产品，为啥别人能卖得更贵？［EB/OL］．(2020-08-27)［2021-05-07］．https：//mp. weixin. qq. com/s/Obi61HkbobXIT-QcIn0zGQ.

四川省家庭农场发展创业联盟．小农场大作为，带动全乡打造“有机僵蚕第一乡”：西充县中南乡宝塔家庭农场［EB/OL］. (2021-06-11)［2021-08-07］．https：//mp. weixin. qq. com/s/HOKzRr-C98XyebqBxTDNjg.

四川省家庭农场发展创业联盟．休闲农业场景开发如何实现资源变资产？［EB/OL］．(2020-06-11)［2021-07-02］．https：//mp. weixin. qq. com/s/HDD _ BVkcAyI7ERDAmSymcw.

四川省家庭农场发展创业联盟．越来越多村民通过做直播等方式 拓宽农产品销售渠道［EB/OL］.(2021-04-16)［2021-05-07］. https：//mp. weixin. qq. com/s/gY _ PwqZDrU2uWJdOWB4xKA.

汪文汉．家事易转型做大宗团购配送 全国农副产品电商八成亏损［EB/OL］．(2016-10-22)［2021-08-06］. http：//hb. ifeng. com/a/20161022/5079792 _ 0. shtml.

汪烨．植物工厂：没有阳光也灿烂［J］．农经，2019 (6)：46-49.

王珊珊，张丽，潘凤娟．构建中国首家现代农业服务平台 流量时代：金丰公社如何实现农业大联合［EB/OL］．(2019-07-16)［2021-08-08］．http：//www. lsnews. gov. cn/index/social/info/id/27245/catid/50. html.

王壹．用“三刀模式”推动农产品加工业提质增效［N］．农民日报，2021-01-25 (6)．

王玉斌，吴曰程．疫情下牛咋养？“托管＋架子牛培育”肉牛养殖模式探究［EB/OL］．(2020-02-26)［2021-08-07］．http：//news. cau. edu. cn/ art/2020/2/26/art _ 8779 _ 664183. html.

伍力，罗之飏．四川昭觉全速建设智慧农业产业园［N/OL］．农民日报，2019-05-21［2021-05-07］．http：//www. farmer. com. cn/2019/05/22/99744704. html.

谢天成，施祖麟．发展现状、问题与对策研究［J］．当代经济管理，2020，42 (1)：41-6.

杨璐茜．太空育种：我们的目标是去火星种马铃薯［J］．卫星应用，2017 (3)：50-51.

佚名．甘肃谷丰源农工场为农业生产提供全程社会化服务［EB/OL］．(2021-06-08)［2021-08-07］．https：//www. sohu. com/a/233182122 _ 100151930.

佚名．合作社“托管代养”贫困户“坐”收红利［EB/OL］．(2019-05-08)［2021-08-07］. https：//www. sohu. com/a/312540696 _ 267826.

佚名．建起西南最大最先进智慧农业“超级大棚” 眉山东坡区擦亮“国家现代农业示范区”金招牌［EB/OL］．(2019-03-27)［2021-05-07］．https：//baijiahao. baidu. com/s? id＝1629125088890546753&wfr＝spider&for＝pc.

佚名．农业旅游新模式：康养农业，是什么？［EB/OL］．(2019-05-22)［2021-08-07］. https：//www. sohu. com/a/315676262 _ 100043925.

佚名．如何打造休闲农业科普教育基地?[EB/OL].（2018-05-08）[2021-08-08]．https：//www.sohu.com/a/230905430_247689.

于乐荣．产业振兴中小农户与现代农业衔接的路径、机制及条件：以订单农业为例［J］．贵州社会科学，2021（2）：156-162.

张波，巫莉莉，何斌斌，等．展现状及未来展望［J］．农业展望，2018，14（5）：72-75，101.

张红宇．乡村振兴背景下现代农业的发展方向（一）［EB/OL].（2019-09-18）[2021-08-06]．http：//www.agriplan.cn/experts/2019-09/zy-4792_21.htm.

智慧农夫．走进“植物工厂”探访现代工厂化智慧育苗基地［EB/OL].（2021-08-24）[2021-08-24]．https：//www.163.com/dy/article/GI5E126L051982SK.html.

中科三安植物工厂．谁是入住植物工厂的主人？［EB/OL］．（2020-03-12）［2021-08-10].https：//www.sananbio.com.cn/innovateDetail/3.

周权男，张慧君，戴雪梅，等．植物组织培养在农业生产中的应用研究进展［J］．北方园艺，2014（13）：196-199.

朱京燕．关于会展农业的若干理论思考［J］．中国农垦，2021（4）：58-60.